Der Kölner Dom

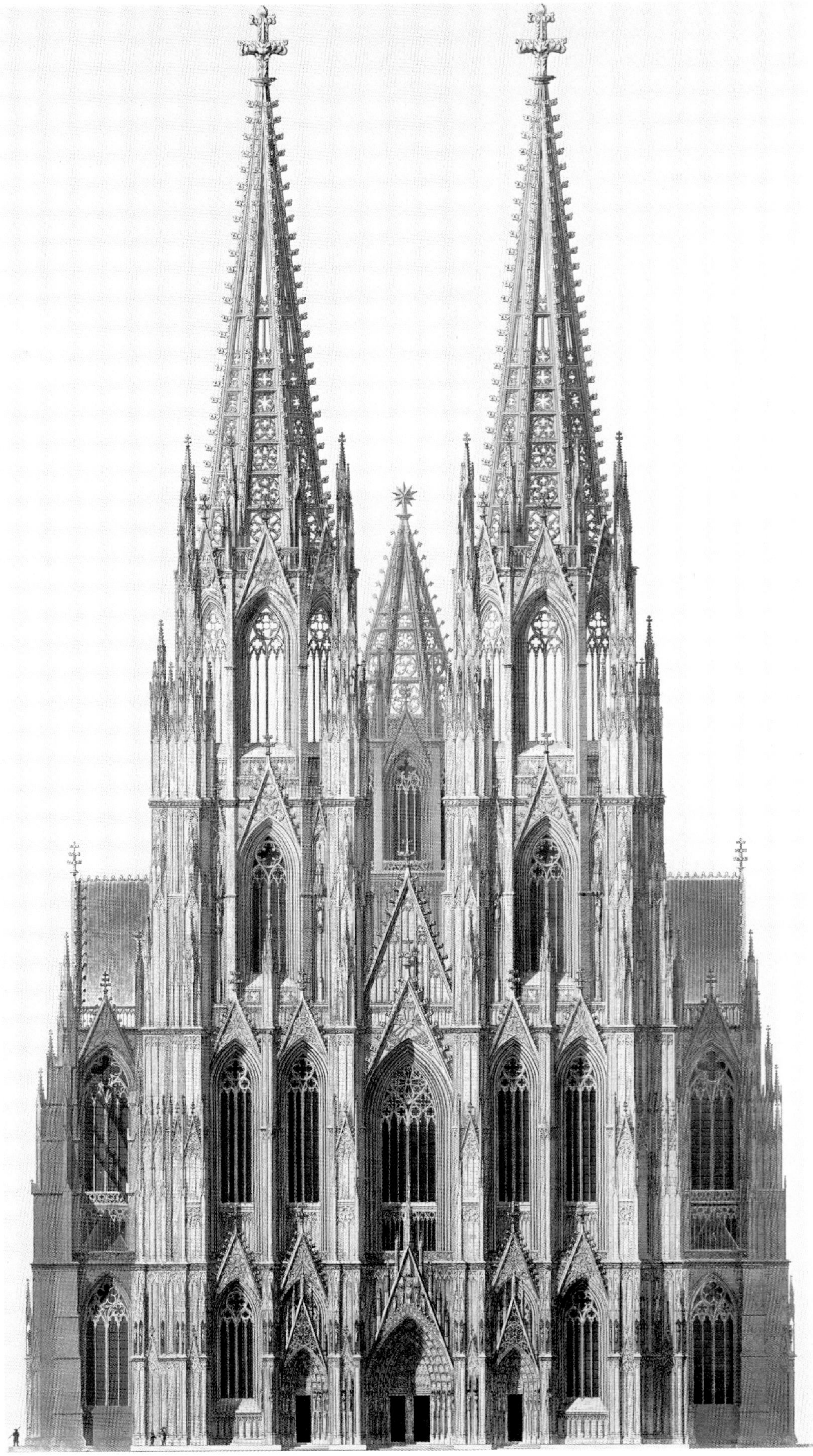

Arnold Wolff

Der Kölner Dom

Mit Fotos von Rainer Gaertner

19 95

VERLAG KÖLNER DOM

Umschlagvorderseite: Kölner Dom, Westfassade
Foto: Rainer Gaertner
Umschlagrückseite: Kreuzblume des Südturms
Foto: Rainer Gaertner
Vorsatz vorne und hinten: Mittelalterlicher Fassadenplan, um 1300 (Plan F), Ausschnitt im Maßstab 1 : 1
Foto: Rainer Gaertner
Frontispiz: 1 Die Westfassade des Domes, Tafel V aus dem Domwerk von Sulpiz Boisserée, gezeichnet 1811 von M. H. Fuchs und 1823 von Mauchert, gestochen von Ernst Rauch 1830
Vorlage: Verlag Kölner Dom
Seite 1: Holzschnitt nach einem Aquarell von Vincenz Statz, »Und fertig wird er doch!« (1861), aus: Deutsche Bauzeitung 1880

CIP-Titelaufnahme der Deutschen Bibliothek:

Der Kölner Dom / Arnold Wolff. Mit Fotos von Rainer Gaertner. – Köln : Verlag Kölner Dom, 1995
2., verbesserte Auflage
ISBN 3-922442-18-8
NE: Wolff, Arnold [Mitverf.] ; Gaertner, Rainer [Ill.]

Reproduktion: Industriedienst, Wiesbaden, und Litho Köcher, Köln
Satz und Druck: Rasch, Bramsche
Buchbinderische Verarbeitung: Bramscher Buchbinder Betriebe
Printed in Germany

ISBN 3-922442-18-8

Inhalt

2 Der Südturm vor 1842. Kupferstich von Wilhelm von Abbema, 1846, 79 × 63 cm

Geschichte und Beschreibung des Kölner Domes

Frühe Christen und fränkische Bischöfe in Köln

Das Gelände, über dem sich heute der Kölner Dom erhebt, bildete in römischer Zeit die Nordostecke der ummauerten Stadt. Ein wahrscheinlich dreischiffiger, 15,30 × 16,70 m großer Raum in einem normalen Wohnhaus auf einem direkt an der Mauerstraße gelegenen Eckgrundstück, das bei archäologischen Ausgrabungen aufgedeckt wurde, könnte möglicherweise der Ort gewesen sein, an dem sich die frühen Christen von Köln zu ihren Gottesdiensten versammelten.

Das Jahr 313, in dem der Kaiser Konstantin durch das Edikt von Mailand die Glaubensfreiheit im römischen Reich garantierte, ist auch das Jahr der ersten Erwähnung eines Bischofs von Köln, des hl. Maternus. Er oder einer seiner Nachfolger baute das Wohnhaus zu einer Kirche um und erweiterte die schlichte ursprüngliche Anlage beträchtlich. Gegen Ende des vierten Jahrhunderts dürfte das Gelände, auf dem sich außer der Bischofskirche noch ein Atrium, ein heizbares Wohngebäude und ganz im Osten die Taufkapelle befanden, bereits eine Länge von 130 Metern gehabt haben. *3*

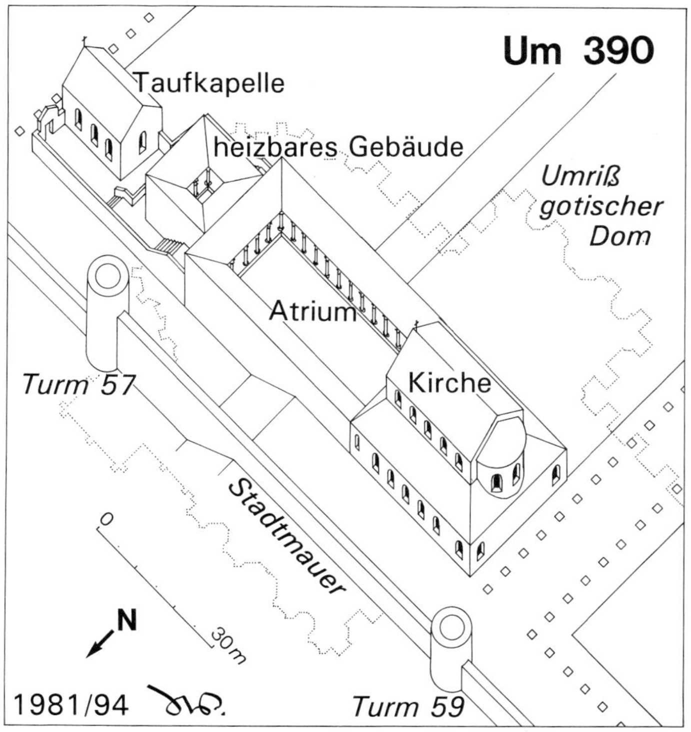

3 Die Bauten der christlichen Gemeinde am Ende des 4. Jahrhunderts (Rekonstruktionsvorschlag).

Um 550 gab es inmitten des Atriums eine kleine Kapelle, in der eine Dame und ein Knabe, wahrscheinlich Adelige aus der Umgebung des Königs Theudebert II., bestattet wurden. Die 1959 entdeckten Gräber enthielten zahlreiche kostbare Beigaben von hoher kulturhistorischer Bedeutung.

Wenig später dehnte der um 565 erwähnte Bischof Clarentinus die Kirche in das Atrium hinein nach Osten aus und stellte dem alten Westchor einen Ostchor gegenüber, der, wie die aufgefundenen liturgischen Einrichtungen zeigen, für den Gemeindegottesdienst bestimmt gewesen sein dürfte. Eine nochmalige Erweiterung nach Westen erfolgte wahrscheinlich zur Zeit des Erzbischofs Hildebold (vor 787–819). Damals wurden ein neuer Westchor und ein ringförmiges Atrium hinzugefügt. Der Grundriß dieser Anlage, die um die Mitte des 9. Jahrhunderts durch einen Brand völlig zerstört wurde, diente wahrscheinlich als Vorbild für die Kirche auf dem berühmten St. Galler Klosterplan.

Der Alte Dom

Wenn auch die spätere Kölner Überlieferung den Bau des daraufhin errichteten, später sogenannten »Alten Domes« dem Erzbischof Hildebold zuschrieb, so kann aufgrund archäologischer Erkenntnisse mit dessen Bau kaum vor dem Jahre 850 begonnen worden sein, also zur Zeit des tatkräftigen Erzbischofs Gunthar (850–863). Fest steht nur, daß diese gewaltige spätkarolingische Kathedrale, die noch im 13. Jahrhundert *Mutter und Meisterin aller Kirchen in Germanien* genannt wurde, ihre Weihe am 27. September 870 durch den Erzbischof Willibert (870–889) erhielt. *4*

Während man über die Gestalt und die Entstehungszeit der früheren Bauten trotz intensiver Forschung immer noch weitgehend auf Vermutungen angewiesen ist, gibt es zum Alten Dom nicht nur eine Fülle schriftli-

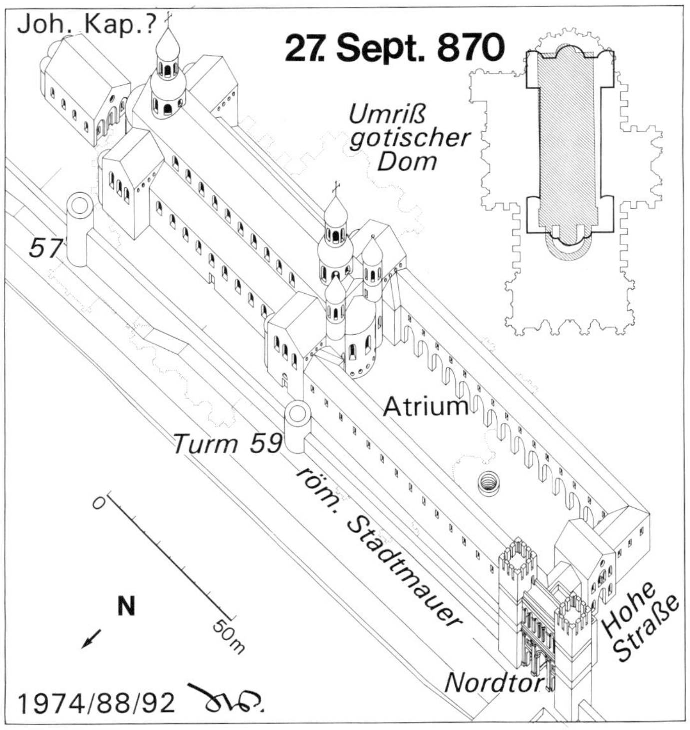

4 Der Alte Dom zur Zeit seiner Weihe am 27. September 870. Oben rechts Ältester Dom (schraffiert), Alter Dom (starke Linie) und gotischer Dom (dünne Linie).

5 Der Alte Dom. Rekonstruktionsvorschlag für den Grundriß gegen Ende des 12. Jh.s. 1 Peterschor (Westchor); 2 Marienchor (Ostchor); 3 Langhaus, Altar des Heiligen Kreuzes, nach 1164 Altar der Heiligen Drei Könige; 4 westliches Querhaus mit Nebenchören; 5 östliches Querhaus mit Nebenchören; 6 innere Seitenschiffe, karolingisch; 7 äußere Seitenschiffe, angebaut unter Erzbischof Bruno (953–965); 8 Westatrium, karolingisch; 9 Pfalzkapelle des Erzbischofs Heribert (999–1021); 10 Ostatrium des Erzbischofs Anno (1056–1075); 11 Südvorhalle (nur urkundlich überliefert, kein Befund). Die römische Stadtmauer des 1. Jh.s ist mit den von Otto Doppelfeld eingeführten Kennzeichnungen T (= Turm) 57, T 59 und M (= Mauer) 58 versehen

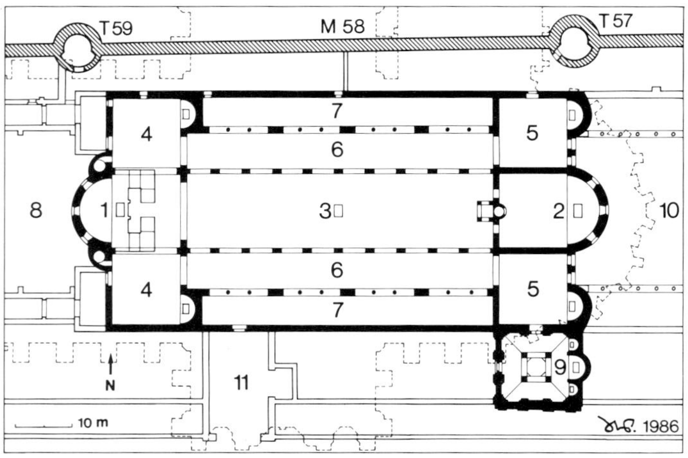

cher Nachrichten, sondern sogar einige Abbildungen.
Die wichtigste ist im sogenannten Hillinuskodex enthal- *F 24*
ten, einer wertvollen Evangelienhandschrift, die zwei
Reichenauer Mönche um das Jahr 1025 in Köln schufen.
Über der Szene, die die Überreichung des Buches an den
heiligen Petrus, den Schutzherren des Domes, zeigt, ist
ein langgestreckter Kirchenbau zu sehen, der zweifellos
den Alten Dom darstellen soll. Dies wurde eindrucksvoll
bestätigt, als durch die 1946 begonnenen Ausgrabungen
unter dem gotischen Dom fast die gesamten Fundamente
des Alten Domes freigelegt werden konnten.

Der Alte Dom übernahm von seinem Vorgänger nicht *4*
nur die Gesamtlänge von rund 95 Metern, sondern auch
die Grundgestalt. Wie dort lag im Westen der Peters- und
im Osten der Marienchor. Das Langhaus war im Mittelschiff 12,40 Meter breit und viermal so lang; es war von Seitenschiffen begleitet, die die halbe Mittelschiffbreite hatten. Im Westen wie im Osten schlossen sich Querhäuser an, die aus drei Quadraten von Mittelschiffbreite bestanden. An ihren Ostseiten befanden sich insgesamt vier Nebenchöre. Im Westen waren in die Winkel zwischen der Apsis und der Querhauswand zwei runde Glockentürme eingestellt. Das Langhausdach wurde von zwei großen hölzernen Vierungstürmen überragt.

Die Chöre in den Hauptapsiden überragten den Boden des Mittelschiffs um 2 Meter. Unter beiden befanden sich Krypten. Die westliche, die besser bekannt ist, glich ziemlich genau der Krypta der alten Peterskirche in Rom. Im Westen war ein etwa 100 m langes Atrium vorgelagert, das bis an die alte römische Hauptstraße, die heutige Hohe Straße, reichte. Ein tiefer Brunnen in seiner Mitte ist noch in der Tiefgarage vor dem Dom zu sehen.

Den ersten großen Umbau erlebte der Dom unter Erz- *5*
bischof Bruno (953–965), dem jüngsten Bruder Kaiser Ottos des Großen. Er fügte im Norden wie im Süden je ein Seitenschiff hinzu, so daß die Kirche seitdem fünf Schiffe hatte, eine Auszeichnung, die bis dahin eigentlich nur den Kirchen des Papstes in Rom zukam.

Bald darauf stiftete Erzbischof Gero (969–976) das nach
ihm benannte *Gerokreuz,* das heute in einem barocken *F 26*
Altarrahmen aus dem Jahre 1683 am Ostende des nördlichen Seitenschiffs steht. Es dürfte eine der ältesten erhaltenen Großplastiken des Mittelalters sein. Bei einer Restaurierung im Jahre 1976 wurde festgestellt, daß die Eiche, aus der der Corpus geschnitzt ist, tatsächlich zu Lebzeiten des Erzbischofs Gero gefällt worden war. Der Typus der Großkruzifixe läßt sich zwar schon in karolingischer Zeit nachweisen, doch sind beim Gerokreuz gewisse byzantinische Züge unverkennbar. Das erinnert daran, daß dieser Erzbischof im Jahre 971 in Konstantinopel um die Hand der Prinzessin Theophanu warb, die als Gemahlin Ottos II., Mutter Ottos III. und Regentin des Reichs eine der bedeutendsten Frauengestalten des deutschen Mittelalters wurde. Das Gerokreuz stellt

Christus als soeben verstorben dar, hält also den Augenblick der vollbrachten Erlösung fest. Die Gestalt des Herrn verliert auch in der realistischen Wiedergabe des grausamen Kreuzestodes nichts von ihrer königlichen Hoheit. So verwundert es nicht, daß dieses einzigartige Werk in der Kunst eine breite, lange anhaltende Nachfolge gefunden hat.

Gero wurde im Alten Dom vor dem von ihm gestifteten Kruzifixus beigesetzt. Um 1265 übertrug man sein Grab in die Stephanuskapelle des gotischen Domes und
F 25 nahm dabei auch die Grabplatte mit. Sie besteht aus rotem Sandstein und trägt ein dreifarbiges Plattenmuster aus weißem Marmor sowie rotem und grünem Porphyr, Materialien, die aus Wandverkleidungen der römischen Zeit gewonnen wurden.

Erzbischof Heribert (999–1021), der dem jugendlichen Kaiser Otto III. besonders verbunden war, ließ am Südende des östlichen Querhauses eine zweigeschossige Pfalzkapelle anbauen, deren Reste im Hofe der Dombau-
F 24 hütte zu sehen sind. Das Hillinusbild zeigt den turmartig aufragenden Bau am rechten Rand. Als Vorbild diente die Pfalzkapelle Karls des Großen in Aachen, deren Grundriß allerdings stark vereinfacht und von acht auf vier Stützen reduziert wurde.

Unter Erzbischof Anno (1056–1075) verband man den Alten Dom durch zwei hohe Säulengänge mit der östlich von ihm gelegenen Stiftskirche St. Maria *ad gradus*. Eine
F 6 der großen Rotsandsteinsäulen wurde zusammen mit drei Basen im Jahre 1981 etwa am ursprünglichen Standort wiederaufgestellt.

Im Jahre 1164 brachte Erzbischof Reinald von Dassel (1159–1167) die Gebeine der Heiligen Drei Könige von Mailand nach Köln. Man bettete sie in einen hölzernen Schrein, der die Gestalt von drei üblichen Reliquien- *F 27–32*
schreinen hatte, von denen zwei unten und einer darüber angeordnet sind. Im Laufe der folgenden sechs Jahrzehnte wurde das Gehäuse von den besten Goldschmieden der Zeit mit kostbaren Figuren, Edelsteinen und Emailplatten bedeckt. Man nimmt an, daß ab etwa 1181 Nikolaus von Verdun, der Meister des Klosterneuburger Retabels, Leiter der Werkstätte war. Aus dieser Zeit stammen die Prophetenfiguren der unteren Langseiten, die zu den großartigsten Leistungen der Plastik am Ende des 12. Jahrhunderts gehören. Nach 1204 vollendeten andere Meister die Frontseite mit ihren aus reinem Gold getriebenen Figuren. Die Fertigstellung der Rückseite, auf der Geißelung und Kreuzigung Christi dargestellt sind, zog sich bis um 1225 hin. Wie ein Wunder überlebte dieser größte und bedeutendste Reliquienschrein des Abendlandes die unruhigen Zeitläufe, auch wenn er viele Beschädigungen und Beraubungen erdulden mußte. Nachdem der hölzerne Kern die Metallbekleidung nicht mehr tragen konnte, restaurierten die Goldschmiede Fritz Zehgruber und Peter Bolg zwischen 1961 und 1973 das kostbare Werk.

Reinald von Dassel begann unmittelbar nach der Ankunft der Dreikönigenreliquien mit der Erneuerung des Alten Domes. Durch die Hinzufügung von zwei Tür- 6
men im Osten erhöhte er deren Gesamtzahl auf sechs, die er alle mit Kuppeldächern und goldenen Knäufen

6 Der Alte Dom nach dem Umbau durch Erzbischof Reinald von Dassel (1159–1167)

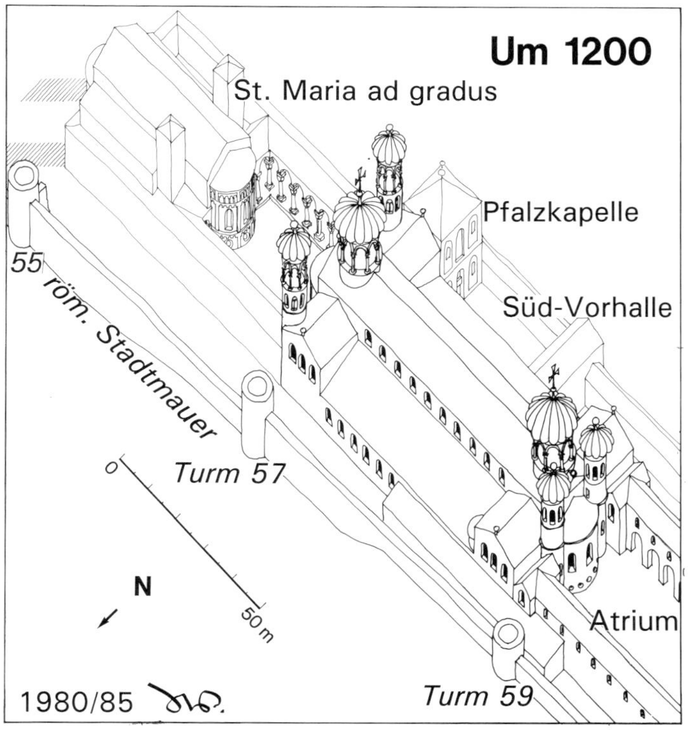

7 Die Dombaustelle zur Zeit der Grundsteinlegung am 15. August 1248

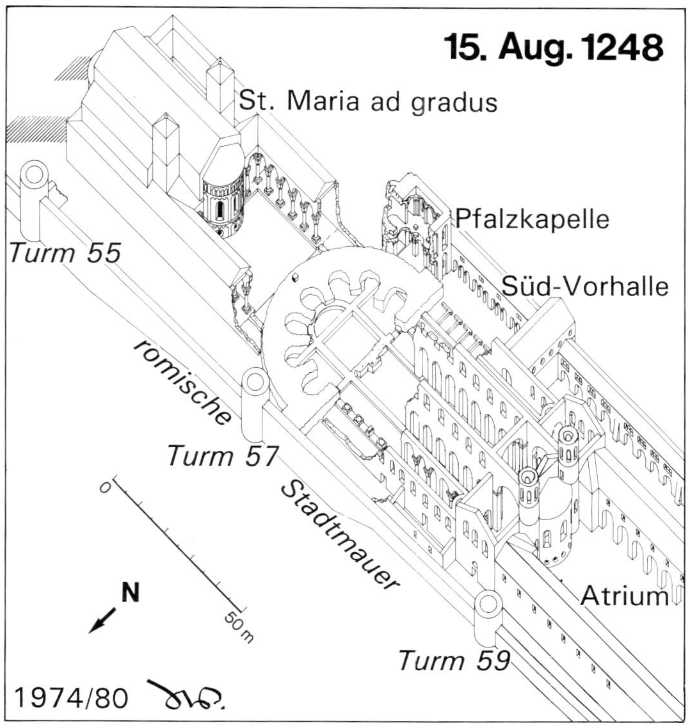

8 Chorumgangs- und Chorabschlußgewölbe in Amiens (li.) und Köln (re.). In Amiens drängen sich die aus dem Gewölbe kommenden Bauelemente auf der engen Deckplatte des Kapitells zusammen. Der Zweck der starken Säulen (= alte Dienste), die den Pfeilerkern umstehen, wird nicht recht klar. In Köln erhalten alle Wölbglieder durch das Einfügen der dünneren Zwischensäulen (= junge Dienste) ihre sinnfällige Ableitung nach unten. Die optisch richtige Darstellung des Kräfteverlaufs erzeugt den Eindruck von Harmonie und Eleganz.

oder Kreuzen versehen ließ. Die Arbeiten im Inneren, die der Außenrenovierung folgten, kamen erst unter seinem Nachfolger Philipp von Heinsberg (1167–1191) zum Abschluß. Dieser hatte zunächst die Bürger von Köln daran hindern wollen, eine neue Stadtmauer zu bauen, durch die diese die Grundfläche der Stadt von 100 auf 400 Hektar erweitern wollten. Nach heftigem Streit und erfolgreichen Vermittlungsversuchen des Kaisers genehmigte er endlich doch den Mauerbau. Als man das Grab
F 58 Philipps um 1300 aus dem Alten Dom in die Maternuskapelle des gotischen Domes verlegte, gab man ihm die Gestalt einer Stadtmauer mit Türmen und Toren.

Baubeginn des gotischen Domes

Bald zeigte es sich, daß der Alte Dom dem Andrang der immer zahlreicher werdenden Pilger, aber auch dem Anspruch des Erzbischofssitzes als einem der bedeutendsten im Reich nicht mehr gewachsen war. Erzbischof Engelbert (1216–1225) drängte das Kapitel zum Neubau und stellte große jährliche Zuwendungen in Aussicht. Seine Ermordung am 7. November 1225 dürfte den Baubeginn um Jahre verzögert haben.

Gegen Ende des Jahres 1247 faßte das Domkapitel einen förmlichen Beschluß zum Neubau. Doch erst nach einem Finanzierungsvertrag vom 13. April 1248 konnten die Arbeiten endlich beginnen. Man wollte zunächst das östliche Querhaus des Alten Domes abbrechen, so daß dessen größter Teil noch für viele Jahrzehnte als Bischofskirche hätte genutzt werden können. Doch unvorsichtiger Umgang mit Feuer löste am 30. April einen Brand aus, dem die gesamte Kathedrale zum Opfer fiel. Danach stellte man nur die westliche Hälfte provisorisch wieder her und begann sofort mit dem Bau der acht bis zehn Meter tiefen Fundamente des Kapellenkranzes. Sie waren in wenigen Monaten so weit gediehen, daß
Erzbischof Konrad von Hochstaden (1238–1261) am 7
15. August 1248, dem Festtag der Himmelfahrt Mariens, den Grundstein zum gotischen Neubau legen konnte.

Während an den sieben Chorkapellen nun die Steinmetzarbeiten begannen, hoben die Fundamentbauer bereits die Gruben für die Südwand des Chores und die Ostwand des südlichen Querhauses aus. Für die gewaltigen Grundmauern benutzte man neben dem Abbruchmaterial vom Alten Dom die Säulenbasaltblöcke, mit denen in der Antike die Straßen der Stadt gepflastert waren und die sich möglicherweise im Laufe von tausend Jahren so verworfen hatten, daß sie den Verkehr eher behinderten als förderten.

Meister Gerhard

Eine solche Baustelle, auf der über 100 Menschen arbeiteten, bedurfte einer umsichtigen Leitung. Waren schon die technischen und organisatorischen Probleme kaum in den Griff zu bekommen, so galt dies noch viel mehr für die künstlerischen Fragen. Mit Recht vermutete man daher im 19. Jahrhundert, daß der erste Dombaumeister ein wahres Genie gewesen sei. Die mittelalterlichen Quellen nennen ihn jedoch schlicht *Gerhard, den Steinmetzen,* heben aber gleichwohl seine Verdienste hervor. Das Domkapitel muß mit seinen Leistungen sehr zufrieden gewesen sein, denn es überließ ihm 1257 ein Grundstück in Erbpacht, das *breiter und größer als die üblichen* war und auf dem sich Gerhard bereits ein steinernes Haus gebaut hatte.

Zweifellos hatte Gerhard die großen Vorbilder des Domes in Frankreich und hier vor allem die Kathedrale von Amiens mit eigenen Augen gesehen, aber mitgearbeitet hatte er dort wohl kaum, denn sonst hätte er die technischen Neuerungen, die dort üblich waren, auch in Köln eingeführt und nicht, wie vergleichende Beobachtungen zeigen, im Prinzip an den romanischen Baugepflogenheiten festgehalten. Aber Gerhard interessierte sich weniger für Technik als vielmehr für Kunst. Er durchschaute den hochentwickelten Entwurf der Kathedrale von Amiens und entdeckte die letzten ästhetischen Mängel, die ihm noch anhafteten und die er in Köln mit

9 Bautechnik des 13. Jh.s. Links: Oberseite eines Quaders aus dem Strebewerk des Chores mit Spuren von Fertigungs- und Versetzvorgängen. 1 Ritzlinie (Symmetrieachse); 2 Bauteilzeichen (Winkel); 3 Schichtnummer (23); 4 Zangenloch, ein gleiches Loch auch auf der Unterseite; 5 Wolfsloch; 6 Klammerloch mit Klammerbahn; 7 Rillen zur besseren Mörtelhaftung; 8 ursprüngliche Außenlinie des Quaders. – Mitte: große Steinzange. – Rechts: Spreizwolf, unten im gleichen Maßstab wie die Zange, oben Schnittzeichnung mit Wolfsloch.

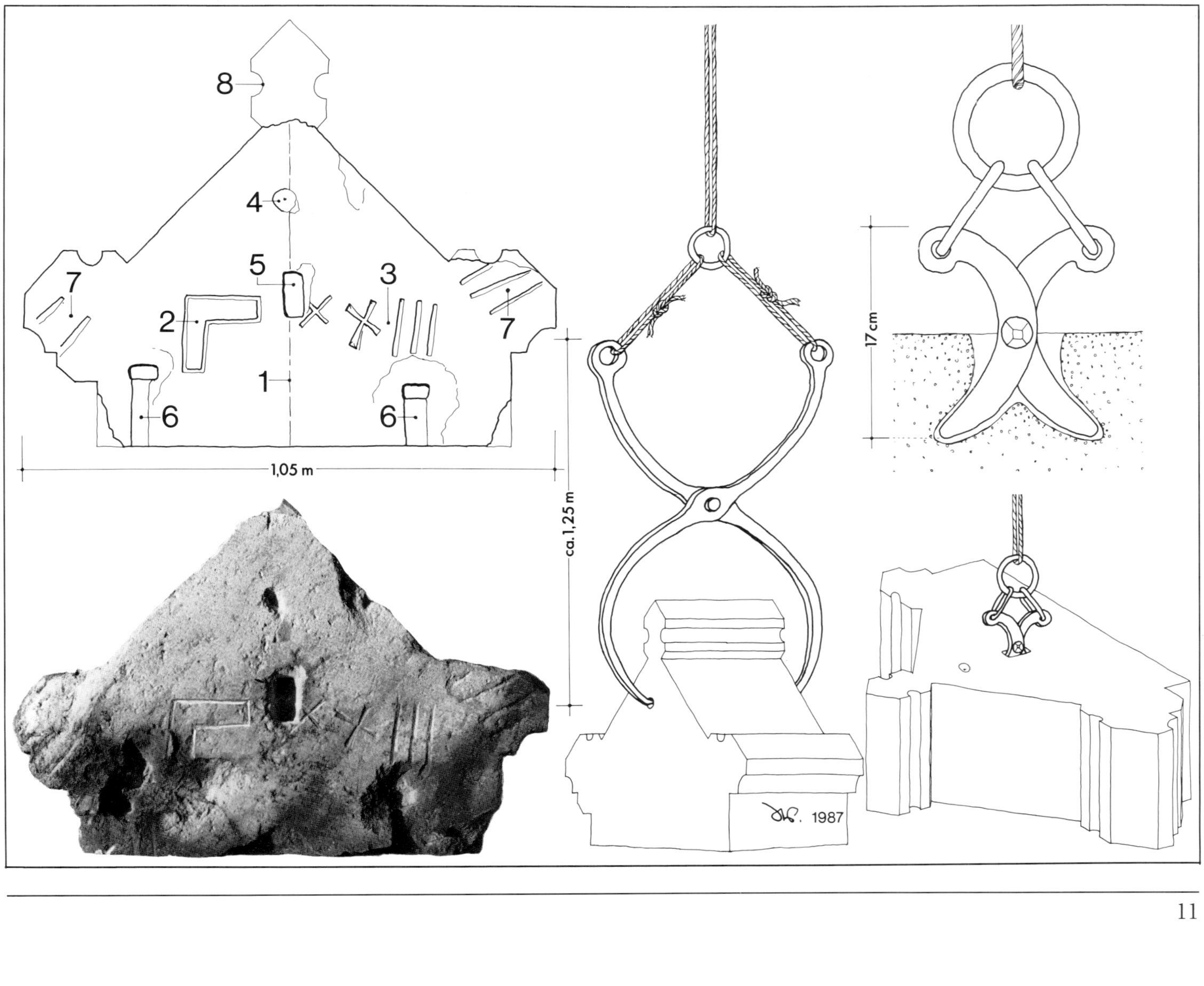

Erfolg vermied. Die Struktur der Innenraumgliederung
8 aus Gewölberippen und Pfeilerdiensten verfeinerte er bis zur höchsten Vollkommenheit. Damit vollendete er die Kathedrale als Bautyp. Eine nochmalige Steigerung war nicht mehr möglich und ist auch nicht mehr versucht worden.

Wenn auch die Kölner Steinmetzen des ersten Bauabschnitts das technische Niveau ihrer französischen Kollegen noch nicht erreichten, so lag ihr handwerkliches Können doch weit über dem ortsüblichen Standard. Bei den romanischen Kirchen waren nur die Pfeiler, Bögen und Gesimse aus gemeißelten Werkstücken zusammengefügt, alles andere mauerte man aus weichem Tuffstein und überzog anschließend alle Flächen mit einer dünnen Putzhaut. Am Dom dagegen bestehen alle sichtbaren Teile aus großen, behauenen Quadern, die man aus dem Stein des 40 Kilometer stromauf gelegenen Drachenfelses fertigte, dem sogenannten *Trachyt.* Anhand von Listen wurden die Quader dort roh bossiert, auf schräger Ebene bis zum nahegelegenen Rheinufer geschleift und mit Schiffen nach Köln gebracht.

In der Hütte dürften etwa 25 Steinmetzen gestanden haben. Da zwischen dem Aushauen und dem Versetzen der Steine am Bau eine gewisse Zeit verging, mußte man die fertigen Werkstücke zunächst lagern, was wiederum eine genaue Kennzeichnung erforderlich machte. In Köln
9 bekam jedes Bauteil ein eigenes Zeichen, etwa einen Halbmond, ein Lindenblatt oder einen Winkel. Außerdem wurde die Nummer der Mauerwerksschicht in römischen Zahlen eingeschlagen. Alle Zeichen brachte man auf den Lagerflächen an, so daß sie später im Mauerwerk verschwanden und nicht mehr zu sehen waren. Erst sehr viel später führte man die kleinen Steinmetzzeichen ein, die oft auf den Sichtflächen zu sehen sind und die nur etwas über den ausführenden Handwerker sagen, mit den hier beschriebenen Versetzzeichen jedoch nichts zu tun haben.

Für den Transport der Steine benutzte man riesige Zangen aus Eisen, die den Stein von zwei Seiten erfaßten, so daß er sich in die Höhe ziehen ließ. Damit er während der Fahrt nach oben nicht aus der Zange rutschte, schlug man kleine Löcher in die Flächen, in die die Zangenspitzen eingreifen konnten. Man sieht solche Löcher noch heute an vielen alten Bauten. In Köln war man es bald leid, die schönen, mühevoll geglätteten Flächen durch häßliche Löcher zu verderben, die nur für wenige Minuten benutzt wurden. Vom zweiten Bauabschnitt an schlug man sie nur noch in die Lagerflächen ein. Das hatte aber den Nachteil, daß man nun den Stein nicht mehr einfach von oben auf die untere Schicht ablassen konnte. Man benutzte daher die Zange nur noch für den Grobtransport. Für den eigentlichen Versetzvorgang nahm man ein zweites Hebewerkzeug, den sogenannten Wolf, der von oben in das Werkstück eingreift. Solche

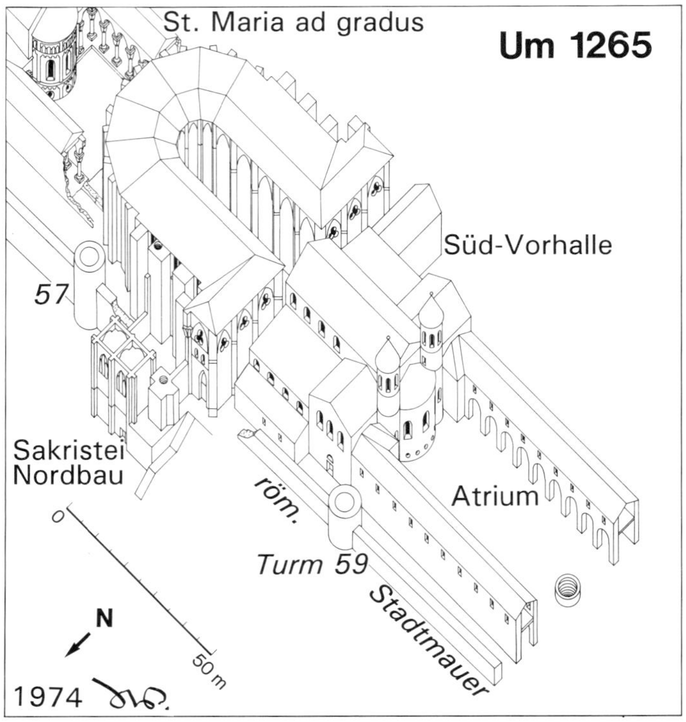

10 Der Bauzustand des Domes um das Jahr 1265

Instrumente, die schon in der Antike verbreitet waren, gibt es in verschiedenen Baumustern. In Köln sah er wie eine umgekehrte Zange aus, die sich nicht schließt,
wenn man sie anzieht, sondern spreizt. Die Steinmetze 9
schlugen mit wenigen gezielten Hieben möglichst genau im Schwerpunkt von oben eine Vertiefung in den Stein, in die der eigens geschmiedete Spreizwolf genau hineinpaßte. Nun konnte man den Stein ohne Schwierigkeiten beliebig oft aufziehen und ablassen.

Dies war auch notwendig, denn die oft über 400 Kilogramm schweren Teile ließen sich nicht wie die kleinen Quader der romanischen Kirchen in ein vorbereitetes Mörtelbett legen und dann so lange beklopfen, bis sie saßen. Vielmehr ließ man die Werkstücke auf dünne Holzkeile ab, die genau die Stärke der späteren Mörtelfuge hatten, meist vier bis sechs Millimeter. Dann kontrollierte man, ob der Stein richtig lag, was natürlich meist nicht der Fall war. Er mußte wieder angehoben, die Klötzchen dünner geschnitzt oder stärkere untergelegt werden. Saß das Stück endlich genau genug, dichtete man die Fugen mit Ton ab und goß einen dünnflüssigen Mörtel hinein. Bei Fenstermaßwerken und frei aufragenden Fialen wurde erhitztes Blei verwendet, das auch die schmiedeeisernen Dübel umschloß, die die Steine untereinander verbanden.

Bei allem Respekt vor den handwerklichen Fähigkeiten der Steinmetzen ist dennoch den Leistungen der Dombaumeister die größte Bewunderung entgegenzubringen, denn sie fügten alle diese Aktivitäten leitend und lenkend zusammen, mußten vom Entwurf bis zur Fertigstellung jedes Bauteils stets das Endziel, die vollkommene Kathedrale, im Auge behalten, die Verantwortung für einen höchst kostspieligen Baubetrieb tragen, der uns heute simpel erscheinen mag, der aber im Mittelalter, als dies alles zum ersten Mal erprobt wurde, von erschreckender Andersartigkeit gewesen sein muß und der deshalb einen Meister erforderte, der seiner Zeit unendlich weit voraus war. Stets mußte er neue Erfindungen machen, neue Organisationsformen entwickeln und Einsparungsmöglichkeiten genauso scharf auf der Spur sein wie künstlerischen Neuerungen. Es verwundert deshalb nicht, daß die Legende sich dieser sagenhaften Gestalten, von denen Gerhard sicher die herausragendste war, bemächtigte und sie mit teuflischen Listen in Verbindung brachte. Denn für das einfache Volk war das, was an einem solchen Dombau geleistet wurde, nur möglich, wenn der Teufel seine Hand im Spiel hatte.

Chorbau

F6, F11 Meister Gerhard dürfte um 1260 verstorben sein. Zu dieser Zeit waren die Achskapelle und die benachbarte Jo-
hanneskapelle wahrscheinlich bereits fertig und die übrigen Chorkapellen im Bau. Die Bauleitung ging dann auf den zweiten Meister über, als dessen Name Arnold überliefert ist. Er wird zwar erst 1271 urkundlich erwähnt, doch ist kaum damit zu rechnen, daß es einen weiteren Meister gegeben hat, von dem nichts bekannt ist.

Arnold, dessen Amtszeit mindestens bis 1299 dauerte,
vollendete mit Ausnahme der Querhausfassaden in
wenigen Jahren das Chor-Erdgeschoß, das bereits zwi-
schen 1265 und 1270 in Benutzung genommen wurde. *10*
Über hohe Treppen verband er die inneren Seitenschiffe
des Alten Domes mit denen des gotischen Chores, so daß
Prozessionen durch beide Kirchen möglich wurden. Die
offenen Enden an den Querhäusern und die Arkaden zum
Binnenchor hin ließ er durch Mauern verschließen.

Von einer ersten Ausstattung mit Wandgemälden hat
sich das Fragment eines Marientodes erhalten, das aller- *12*
dings nicht öffentlich sichtbar ist. Die Fenster der Chor-
kapellen wurden mit phantasievollen Blattrankenmu-
stern auf ungefärbtem Glas (Grisaillen) geschlossen, wie
sie besonders aus Zisterzienserkirchen, zum Beispiel in
Altenberg bei Köln, bekannt sind. Leider gingen alle ori- *11*
ginalen Grisaillen des Domes verloren. In den letzten
Jahren wurden einige anhand von Durchzeichnungen

12 Tod der Jungfrau Maria. Wandgemälde in der Marienkapelle, um 1265 (nicht öffentlich sichtbar).

11 Ein Grisaillefenster aus den Chorkapellen. Nach einer Durchzeichnung des Originals durch den Architekten Wilhelm Hoffmann (1845) wurde die Scheibe 1984 rekonstruiert und in der Stephanuskapelle eingesetzt.

11 und Scherbenfunden rekonstruiert. Sie sind in der Johanneskapelle und in der Stephanuskapelle eingesetzt.

Das einzige farbige Glasgemälde der Erstausstattung
F 49–52 ist das Mittelfenster der Achskapelle, das sogenannte Bibelfenster aus der Zeit um 1260, dessen Stil noch als spätromanisch bezeichnet werden kann. Es zeigt in der rechten Bahn Szenen aus dem Leben Jesu, denen links jeweils die Vorbilder aus dem Alten Bund gegenübergestellt sind.

13, 14 Im Jahre 1277 wurde die quadratische Halle der Sakristei geweiht, ein besonders eleganter Bau, dessen Errichtung erhebliche technische Schwierigkeiten bereitet haben muß. Jenseits der römischen Stadtmauer, die etwa im Bereich der Chorseitenschiff-Nordwand zu suchen ist, fiel das Gelände nämlich steil ab. Um die Fußbodenhöhe des gotischen Domes zu erreichen, mußte man zunächst einen 10,50 Meter hohen Keller bauen. Die vier Gewölbe des Raumes, der heute als Sakramentskapelle dient, ruhen auf einem schlanken Pfeiler, der aus einem einzigen Stein geschlagen wurde. Es scheint, daß hier ursprünglich der Kapitelsaal war, in dem die Stiftsherrn

13 Schnitt durch die Sakramentskapelle und den nördlichen Langchor des Domes im Zustand vor 1868. 1 römischer Stadtgraben; 2 römische Stadtmauer, 1. Jh. n. Chr.; 3 nach Süden ansteigendes Gelände; 4 nördliche Außenmauer des Alten Domes, 9. Jh.; 5 gotisches Pfeilerfundament, 13. Jh., punktiert, da hinter der Schnittebene liegend; 6 Fundament der nördlichen Langchorwand des gotischen Domes; 7 Kellerraum unter der Sakramentskapelle vor dem Einbau der Zwischengewölbe aus Ziegeln; 8 ehemaliger Sakristei-Nordbau (Archiv und Schatzkammer), abgebrochen 1868; 9 Sakramentskapelle, ursprünglich Kapitelsaal, seit etwa 1580 Sakristei, geweiht 1277; 10 Atrium zwischen Dom und Sakramentskapelle; 11 Klause, wohl Wachstube, über dem Atrium; a Geländeoberkante in römischer Zeit; b Fußboden des Alten Domes; c Außenniveau in gotischer Zeit; d Außenniveau heute

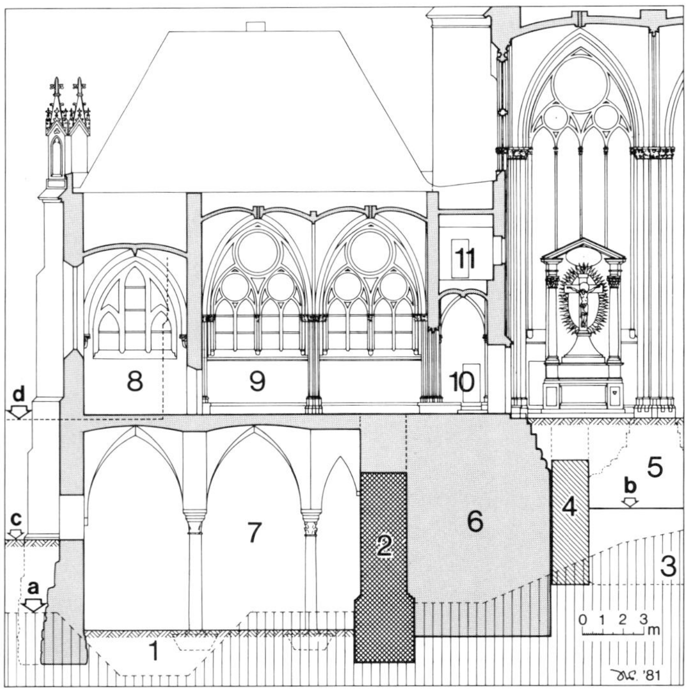

14 Die Sakramentskapelle, früher Kapitelsaal bzw. Sakristei

zu wichtigen Entscheidungen, etwa zur Wahl eines neuen Erzbischofs, zusammentraten.

Zur gleichen Zeit wurde auch der Oberchor mit seinen 15
fünfzehn riesigen Fenstern und dem berühmten Strebewerk vollendet. Die Gewölbe schließen in einer Höhe von 43,35 Metern. Darüber erhebt sich noch das steile Dach, dessen First, gekrönt von einem durchbrochenen
Maßwerkkamm mit vergoldeten Lilien, erst 61,10 Meter F 5, 6
über dem Fußboden endet. Nach Westen wurde der Chor F 9
in voller Höhe von einer provisorischen Trennwand F 20
abgeschlossen, die spätestens 1304 fertig war und bis F 61
1863 stehenblieb.

Ausstattung des Chores

Nun galt es, die Ausstattung zu vollenden. Um 1310 dürften die *Glasgemälde* in den 17,15 Meter hohen Fen-
stern des Oberchores fertig gewesen sein. Im unteren F 10
Drittel stehen insgesamt 48 Königsgestalten auf Konso-
len mit den Wappen der jeweiligen Stifter aus dem rhei- F 17
nischen Adel und den vornehmen Kölner Patriziergeschlechtern. Man nimmt an, daß es sich bei den Königen, F 47
die abwechselnd mit und ohne Bart dargestellt sind, um

die Könige von Juda, die alttestamentlichen Vorfahren Jesu, und die 24 Ältesten der Apokalypse des Johannes handelt. Im Mittelfenster erkennt man die Anbetung der Heiligen Drei Könige. Über dieser Szene erscheinen abwechselnd Könige und Propheten bis in die Maßwerkzone hinein. Doch nur in diesem Mittelfenster gibt es farbige Gestalten, alle anderen haben reich komponierte Teppichmusterfelder mit sparsamer, stets wechselnder Farbigkeit. Mit 850 Quadratmetern Fläche ist der Glasmalereizyklus der größte, der aus der ersten Hälfte des 14. Jahrhunderts erhalten ist. Mehr als 95 Prozent der Gläser gehören noch der Entstehungszeit an. Leider sind viele Stücke stark abgewittert, zerbrochen oder verschmutzt, so daß der Bestand mit hohem Aufwand restauriert werden muß. Im Triforium befand sich bis zum 18. Jahrhundert jeweils das gleiche Muster wie in dem darüberliegenden Fenster. In den Jahren 1986 bis 1993 hat die Restaurierungswerkstätte der Dombauhütte den mittelalterlichen Zustand wiederhergestellt, indem sie die Originalscheiben kopierte.

F8 Um 1311 wurde das bereits um 1308 begonnene *Chor-*
F33–37 *gestühl* aufgestellt. Mit 104 Sitzen ist es das größte in
Deutschland. Die Enden und die Durchgänge zu den obe-
F61 ren Sitzreihen sind mit reichgeschnitzten Wangen versehen. Zwischen den einzelnen Sitzen sieht man kraftvolle Knäufe mit Laubwerk, Tier- und Menschenfiguren. Den

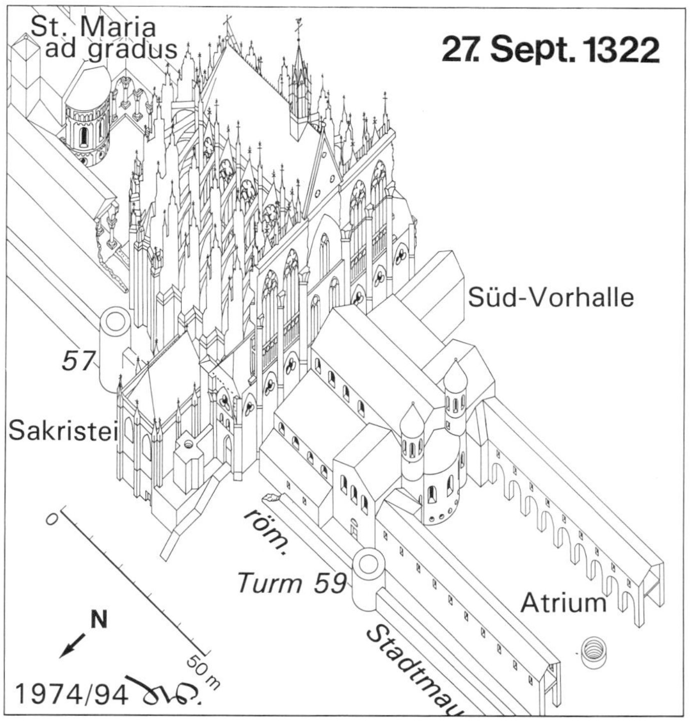

15 Der Bauzustand des Domes zur Zeit der Chorweihe am 27. September 1322

16 Die »Mailänder Madonna« in der Marienkapelle, Ende des 13. Jh.s.

17 Blattmaske, Miserikordie des Chorgestühls

18 Liebespaar, Miserikordie des Chorgestühls

19 Tänzerin, Miserikordie des Chorgestühls

Hauptschmuck aber stellen die Miserikordien dar, die 17–19
man erst sieht, wenn man die Sitze hochklappt. Hier findet man Menschen, Tiere und Fabelwesen, die tanzen, kämpfen, singen, aber auch betteln, spotten und lieben. Szenen aus dem Alten Bund und aus den Gleichnissen Jesu sind ebenso vertreten wie Stoffe aus antiken Sagen und dem Volksglauben. Hier saß das Domkapitel, wenn es seine vornehmste Pflicht, nämlich zum Lobe Gottes die Psalmen zu singen, erfüllte.

Hinter dem Gestühl erheben sich gemauerte Schran- *F8, 15, 33*
ken, die an der Innenseite mit *Bilderzyklen* bedeckt sind. *F38–43, 61*
Auf der Nordseite zeigen sie die Geschichte des heiligen Petrus, die des Papstes Sylvester und des Kaisers Kon-
stantin, im Süden erscheinen das Marienleben, die *F43*
Geschichte der Heiligen Drei Könige bis zur Ankunft *F27, 33*
ihrer Gebeine in Köln und die Legenden der heiligen Felix und Nabor, deren Reliquien ebenfalls im Dreikönigenschrein aufbewahrt werden. Unter den 42 großen Bildern sieht man auf der Nordseite eine vollständige Reihe der Erzbischöfe von Köln, während auf der Südseite die
Kaiser des römischen und des deutschen Reichs gemalt *F33*
sind, ein Hinweis auf die Doppelfunktion des Kölner Erzbischofs, der in seiner Person das geistliche Amt des Oberhirten mit dem weltlichen eines Kurfürsten vereinigte. Paul Clemen nannte die zwischen 1332 und 1340 entstandenen Gemälde das *entwicklungsgeschichtlich wichtigste und künstlerisch höchststehende Werk der deutschen Monumentalmalerei des 14. Jahrhunderts.*

An den Pfeilern des Chores stehen auf Laubwerkkon-
solen die *Figuren von Christus und Maria* sowie der *F45, 46, 61*
zwölf Apostel. Über ihnen erheben sich hohe Baldachine, die von Engeln mit Musikinstrumenten bekrönt sind. Nur über Christus und Maria ragen reine Architekturformen auf. Die 1280–90 gefertigten Figuren zeigen die Bildhauerkunst der Kölner Dombauhütte zur Zeit des Dombaumeisters Arnold auf ihrem Höhepunkt. Das Material ist feinster Tuffstein, der eine reiche, 1840 erneuerte Bemalung trägt, die vor allem wegen ihrer 39 verschiedenen Stoffmuster Beachtung verdient. Ein verwandtes Werk aus Holz ist die etwa gleichzeitig entstandene, bei
den Kölnern sehr beliebte Mailänder Madonna in der Ma- *16*
rienkapelle.

Am 27. September 1322 zog das Domkapitel nach 74
Baujahren endlich in den neuen Chor ein. Auch der Drei- *F28*
königenschrein wurde nun übertragen und fand in der
Achskapelle seinen Platz. Dafür mußte man das Grab- *26*
mal des Erzbischofs Konrad aus dem Jahre 1261 in die benachbarte Johanneskapelle verlegen. Alle Fenster des Chorumgangs, die bis dahin mit Ausnahme des Bibelfensters in der Achskapelle nur Grisaillemalereien enthielten, wurden nach dem Vorbild des Oberchores im unteren Drittel mit farbigen Glasgemälden ausgestattet, von
denen unter anderem noch das *Dreikönigenfenster* in der *F53, 54*
Achskapelle erhalten ist.

F 44 Am gleichen Tage wurde auch der *Hochaltar* geweiht, einer der größten in der gesamten Christenheit. Die Altarplatte besteht aus einem einzigen, tiefschwarzen Marmorblock und ist 4,52 × 2,12 Meter groß. Mit einem Gewicht von etwa 6,7 Tonnen ist sie der größte Stein des Domes. In den weißen Marmorarkaden der Seitenwände stehen an der Frontseite die Apostel zu Seiten der Mittelszene, der Krönung Mariens durch Christus.

Bau der Westteile

Eine Nachricht über den Abbruch einer bis dahin noch genutzten Vorhalle des Alten Domes läßt darauf schlie-
20 ßen, daß im Jahre 1325 die Fundamente für die südlichen Seitenschiffe gelegt worden sind. Man baute Pfeiler und Wände bis über Kapitellhöhe auf (ca. 13,50 Meter), überdeckte den ganzen Bauteil einschließlich des südlichen Querhauses mit drei parallelen Satteldächern und vermauerte die Öffnungen zum Mittelschiff hin. So konnte spätestens zur Eröffnungsfeier der Kölner Universität am 7. Januar 1389 im gesamten Südbereich der Gottesdienst aufgenommen werden.

Bereits zur Zeit des Dombaumeisters Johannes, dem Sohn des Arnold, dessen Tätigkeit ab 1296 nachweisbar ist und dem von 1331 bis 1333 ein Rutger folgte, wurde der noch erhaltene 4,05 m hohe Pergamentplan für die Westfassade gezeichnet, der sich heute in der Johanneskapelle befindet (siehe Vorsatzpapier dieses Bandes). Der Fund einer Goldmünze des Erzbischofs Wilhelm von Gennep (1349–1362) belegt, daß das Fundament für den Südturm um 1357 fertig war. Unmittelbar darauf dürfte mit dem Bau des aufgehenden Mauerwerks begonnen worden sein.

21 Petersportal, Kopf des hl. Petrus, um 1375

20 Der Bauzustand des Domes zur Zeit der Eröffnung der Universität am 7. Januar 1389

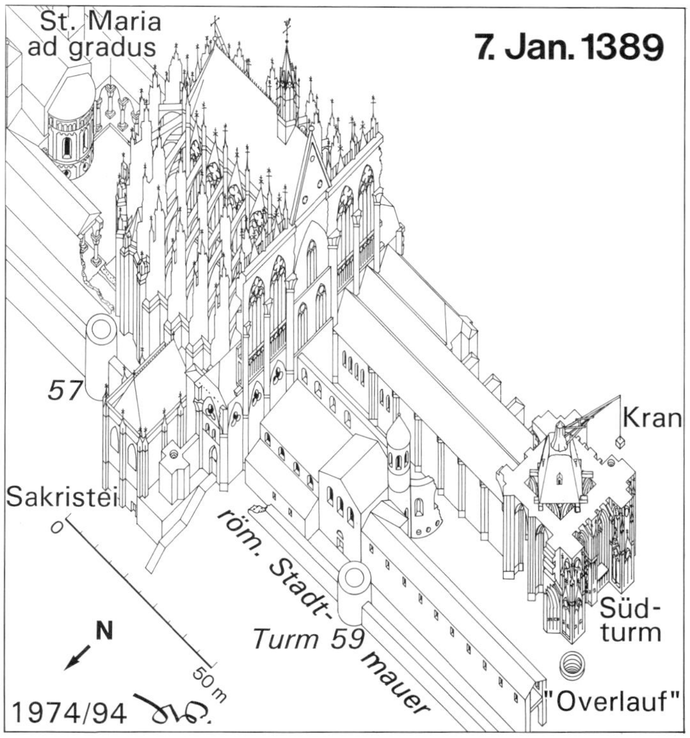

Dombaumeister dieser Zeit war Michael (1353 – etwa 1395). Seine Tochter heiratete Heinrich von Gemünd, einen nahen Verwandten Peter Parlers, der 1353 von Köln als Dombaumeister nach Prag berufen wurde. Die engen Beziehungen zu Böhmen kommen auch in den Kunstwerken dieser Epoche zum Ausdruck, vor allem im
Petersportal (etwa 1370–1380), des einzigen der neun 21
Domportale, das im Mittelalter vollendet wurde. Die F 21, 22
fünf großen Standfiguren der Apostel Petrus, Andreas und Jakobus (links) sowie Paulus und Johannes sind heute durch Kunststeinkopien ersetzt, ebenso die 34 Sitzfiguren von Engeln, Propheten und Heiligen in den Bogenläufen. Nur das Tympanon über der Tür, das Verurteilung und Hinrichtung der Apostel Petrus und Paulus darstellt, verblieb an seinem Ort.

Das um die gleiche Zeit begonnene zweite Geschoß des gewaltigen Südturms zeigt bereits bedeutende
2 Abweichungen vom großen Fassadenplan. Unter der Leitung des Dombaumeisters Andreas von Everdingen (etwa 1395–1411) dürfte es vollendet worden sein. Das
F 12, 13 architektonisch überaus sorgsam ausgestattete Innere war bis 1876 mit einem gewaltigen Glockenstuhl ausgefüllt, in dem 1448 und 1449 die beiden Großglocken Pretiosa und Speciosa aufgehängt wurden. Zusammen mit der schon 1414 gegossenen Dreikönigenglocke bilden sie mit den Schlagtönen g – a – h ein einzigartiges, weithin berühmtes Geläute, das an bestimmten Tagen auch
F 94 heute noch erklingt. Seit 1923 wird das Geläute durch die gewaltige Petersglocke nach unten ergänzt, während die Glocken des 19. und frühen 20. Jahrhunderts den Klang nach oben abrunden.

F 20, 83 Das dritte Geschoß wurde noch bis über Fensterbankhöhe aufgebaut, ehe man die Bauarbeiten einstellte. Den Baukran aber, der aus dem provisorischen Dach herausragte, ließ man stehen. Er wurde zu einem Wahrzeichen Kölns und zu einem Zeugnis dafür, daß der Dombau nicht abgebrochen, sondern nur unterbrochen war.

Im 15. Jahrhundert stand der Bau unter der Leitung der Meister Nikolaus von Büren (1425–1445), seines Schwiegersohns Konrad Kuene (1445–1469) und des Johannes von Frankenberg (bis 1491). Man baute nun an der Nord- 23, 24
seite, wo die Ostwand des Turms bis auf 28 Meter Höhe F 16, 20, 68
aufgerichtet und die sechs westlichen Seitenschiffjoche 24
einschließlich der Gewölbe vollendet wurden. Die sechs östlichen Joche gediehen jedoch wie auf der Südseite nur 13,5 Meter hoch. Auch diese Bauteile deckte man einschließlich der Vierung und des Querhauses mit niedrigen Dächern ab. Als man gegen 1560 den Baubetrieb endgültig einstellte, waren über 90 Prozent der vorgesehenen Grundfläche des Domes unter Dach, doch nur der Chor hatte die volle Höhe erreicht.

Kunstwerke der Spätzeit

In den Jahren 1508/09 setzte man in die fünf Fensteröffnungen des nördlichen Seitenschiffs einen Zyklus prachtvoller *Glasgemälde* ein. Stifter waren die Erzbi-

22 Dom und Domhof (heute Roncalliplatz) im Jahre 1798, gezeichnet von L. Janscha, gestochen von F. Ziegler, kolorierter Kupferstich, 28,9 × 43,8 cm; aus: *50 malerische Ansichten des Rheinstromes von Speyer bis Düsseldorf*, Wien 1798

schöfe Hermann IV. von Hessen (1480–1508), sein Nachfolger Philipp II. von Daun (1508–1515) mit seinen Ver-
F 56 wandten und die Stadt Köln. Sie läßt sich unter der Darstellung der Geburt Christi durch vier ritterliche Heilige vertreten. In der untersten Reihe erscheinen Marcus Vipsanius Agrippa (62–12 v. Chr.), der Gründer der Stadt,
F 55 und Marsilius, ein sagenhafter Held der Frühzeit, beide mit dem Banner der Stadt, in dem auf rotem Grund die goldenen Kronen der Heiligen Drei Könige prangen. Der Ruhm der fünf Fenster beruht nicht nur auf den künstlerisch hochrangigen Entwürfen, die von den besten Meistern der Kölner Malerschule stammen, sondern auch auf der überaus virtuosen glasmalerischen Ausführung durch die Werkstätte Hermann Pentelynck.

Unter den *Grabdenkmälern* verdient das des Grafen
F 57 Gottfried von Arnsberg († 1372) besondere Beachtung. Er wurde in der Domkirche bestattet, weil er seine Grafschaft dem Erzstift Köln vermacht hatte. Zuvor aber hatte er die Gemeinde Neheim reich beschenkt. Noch heute bringen die Bewohner alljährlich einen Kranz an sein Grab. Die Liegefigur aus hartem Syenit zeigt den Grafen in einer detailreich ausgeführten Ritterrüstung mit den realistischen Zügen des Toten. Spuren der lebhaften früheren Bemalung sind noch erkennbar. Das Gitter soll zum Schutz der Figur vor empörten Verwandten, die sich bei der Erbschaft übergangen fühlten, angebracht worden sein.

An dem hinter dem Grabmal aufragenden Pfeiler
F 59 erhebt sich eine gewaltige, 3,73 Meter hohe *Figur des heiligen Christophorus,* der den Jesusknaben durch ein wild bewegtes Wasser trägt. Die Tuffsteinplastik, deren Farbigkeit nach alten Resten rekonstruiert wurde, wird dem Bildhauer Tilman von der Burch zugeschrieben.

Am gegenüberliegenden Pfeiler erkennt man eine
F 60 besonders liebliche kleine *Figur der Mutter Gottes mit dem Kind.* Sie gehört zu der kunsthistorisch so benannten Gruppe der *Schönen Madonnen,* die sich um 1380–1420 großer Beliebtheit erfreuten.

Zu den zahlreichen Kunstwerken dieser Epoche, die nicht für den Dom geschaffen wurden, jedoch später hier ihre Heimstatt fanden, gehören auch vier große Altäre.
F 62, 63 Der älteste ist der *Klarenaltar,* das größte und künstlerisch bedeutendste Altarwerk Kölns im 14. Jahrhundert und der älteste überhaupt mit fest eingebautem eucharistischen Tabernakel. Er wurde um 1350 für die 1804 abgebrochene Kirche des Franziskanerinnenklosters St. Klara in Auftrag gegeben. Vollständig geöffnet, zeigt er prächtige Holzfiguren Christi und der zwölf Apostel über Reliquienbüsten ursulinischer Jungfrauen. Bei der ersten Schließung erscheinen 24 Gemälde mit Szenen aus der Jugend (unten) und der Passion Christi (oben). Diese Bilder wurden um 1400 übermalt, jedoch um 1900 auf den äußeren Flügeln wieder freigelegt, so daß man heute beide Stilepochen nebeneinander betrachten kann.

23 Bogenscheitel einer spätgotischen Arkade der Langhausnordseite mit Profildurchdringungen, etwa 1510–1560

24 Der Bauzustand des Doms zur Zeit der Einstellung des Baubetriebes im Jahre 1560

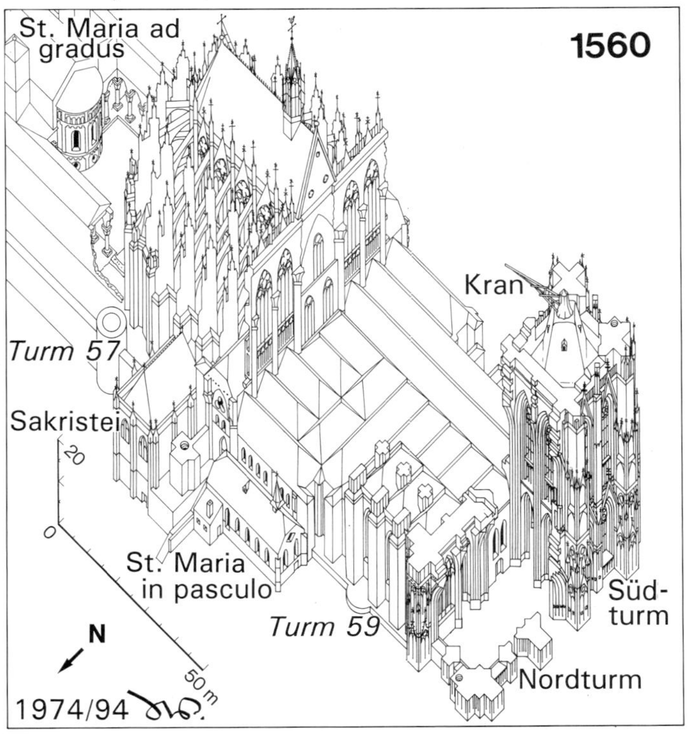

Von weltweiter Berühmtheit ist der *Altar der Stadtpa-* F 64, 65 *trone*, auch *Dombild* genannt, den Stephan Lochner um 1445 im Auftrag der Stadt Köln für die Ratskapelle malte. Er war nicht nur der geistige Mittelpunkt der zivilen Stadtgemeinde Köln, die praktisch eine reichsunmittelbare Republik darstellte, sondern auch das Hauptwerk der Kölner Malerschule. Wie in den Rathäusern der reichen oberitalienischen Städte huldigte hier die Bürgerschaft ihrem Herrn, indem sie sich durch die Heiligen der Stadt am himmlischen Hof vertreten ließ. Auf den Flügeln nahen sich die uralten Patrone, die Martyrerscharen der heiligen Ursula und des heiligen Gereon. Das Mittelbild, das von der thronenden Madonna beherrscht wird, zeigt die Anbetung der Heiligen Drei Könige, deren Gebeine seit 1164 im Dom ruhen. Im Gegensatz zur farbenfrohen, 5,22 Meter breiten Innenseite, deren Goldglanz noch durch das plastische Band der den Himmel versinnbildlichenden Maßwerkarkaden verstärkt wird, ist die auf den Außenflügeln in steilen, schwarzen Rahmen wiedergegebene Verkündigung in verhaltenen Tönen gemalt. Nachdem in der französischen Zeit (1794–1815) die Ratskapelle geschlossen und das Bild in einem Kellerraum versteckt worden war, brachte man es 1809 in den Dom, wo es bald die Bewunderung der Kunstkenner hervorrief. Doch erst durch die Aufstellung hinter dem Altar der Marienkapelle im Jahre 1950 hat es seine alte Funktion als Andachtsbild wiedererhalten.

Ebenfalls im frühen 19. Jahrhundert kam der *Agilolfus-* F 67 *altar* in den Dom. Er gehörte zu der östlich des Domes gelegenen Kirche Maria *ad gradus*, die 1817 abgebrochen wurde. Das mit seinen Maßen von 6,80 Meter Breite und 5,50 Meter Höhe bemerkenswert große Altarwerk wurde 1521 in Antwerpener Werkstätten gefertigt. Im geschnitzten Mittelschrein sieht man die Abnahme Jesu vom Kreuz und seine Beweinung, umgeben von anderen Szenen der Passion. Auf den kostbar gemalten Flügeln ist das Leben der heiligen Kölner Bischöfe Agilolf (um 748) und Anno II. (1056–1075) dargestellt, deren Figuren zu Seiten der zentralen Madonna das Werk bekrönen.

Erst im Jahre 1960 kam ein *Dreikönigenbild* in den F 66 Dom, das heute in der Maternuskapelle hängt und das um 1520 in Antwerpen für das Kloster Bethlehem bei Charleville (Belgien) gemalt wurde. Vom Typ her ist es ein Tryptichon, doch sind alle drei Teile auf eine einzige 2,25 Meter breite Tafel gemalt. Trotz der unübersehbaren Fülle der Gegenstände, die wie zwischen die Figuren gestreut wirken, strömt das Bild eine erhabene Feierlichkeit aus.

Eine lange Pause

Es scheint, als habe sich das Domkapitel damit abgefunden, daß der Dom unvollendet bleiben sollte. Man rechtfertigte zwar die Benutzung eines Altars durch mehrere Domvikare damit, daß man auf die kommende Vollendung verwies, doch irgendwelche Aktivitäten sind nicht überliefert. Es waren die Reisenden, die Historiker und die Theologen, die einerseits den unerhörten künstlerischen Rang der Kathedrale rühmten, andererseits die Nichtvollendung bedauerten und zur Wiederaufnahme der Arbeiten aufriefen. Das Domstift war dagegen froh, wenn es die Mittel für den laufenden Unterhalt der vielen Dächer und Rinnen aufbringen konnte. Für größere Arbeiten, etwa die Erneuerung des Dachreiters in 22 barocken Formen im Jahre 1744, war man auf besondere Zuschüsse des Erzbischofs angewiesen. Dieser trug auch den größten Teil der Kosten für die Verkleidung der offenen Dachstühle mit Brettergewölben und die Tünchung des gesamten Inneren einschließlich vieler Wandgemälde durch italienische Fachleute.

Trotzdem gelangten auch in dieser Zeit einige Ausstattungswerke von hohem Rang in den Dom. Um 1688 schenkte ihm Kardinal Wilhelm Egon von Fürstenberg, ein Bewerber um den erzbischöflichen Thron (den er dann aber doch nicht erhielt) acht wertvolle *Gobelins* nach Entwürfen von Peter Paul Rubens. Sie sollten die F 72 Chorschranken mit ihren unansehnlich gewordenen mittelalterlichen Gemälden verdecken und stellten den Triumph der heiligen Eucharistie über den Alten Bund, die Irrlehren, den Unglauben und die weltlichen Wissenschaften dar. Mit der Zeit verblaßten sie stark, wurden abgehängt und schlecht gelagert, so daß sie von 1975 bis 1984 restauriert werden mußten. Jährlich um die Pfingstzeit werden sie in den Arkaden des Mittelschiffs für etwa sechs Wochen aufgehängt.

Auf Initiative und wohl auch auf Kosten des Domherren Heinrich Mering (1620–1700) erhielt das Gerokreuz F 26 1683 eine marmorne Altarumrahmung. Auch das Gittergehäuse des Dreikönigenschreins mußte einem Mauso- F 28 leum aus Marmor weichen, dessen Fassade heute im nördlichen Querhaus als Altar aufgebaut ist. Ab 1769 wurde die mittelalterliche Einrichtung des Hochchors vernichtet und durch neue Altäre und Gitter im frühklassizistischen Stil ersetzt.

1794 zogen die Franzosen in Köln ein. Erzbischof und Domkapitel flohen, der Dom wurde geschlossen und viele Jahre für profane Zwecke genutzt. 1801 wurde er, nun als Pfarrkirche, wieder für den Gottesdienst geöffnet, doch der Sitz des Bistums war nach Aachen verlegt worden.

In dieser Zeit der tiefsten Erniedrigung regte sich aufs neue die Begeisterung für den einzigartigen Bau. Georg Forster (1790) und Friedrich von Schlegel (1804) priesen ihn als unerhörtes Kunstwerk, Josef Görres als National- F 77 heiligtum (1814). Praktische Arbeit aber leistete alleine Sulpiz Boisserée (1783–1856), der ab 1808 den Dom zeichnerisch zu erfassen begann und nicht müde wurde,

25 Querschnitt durch den Chor des Domes. Tafel VI aus dem Domwerk von Sulpiz Boisserée, gezeichnet von Maximilian Fuchs, 1809, gestochen von Christian Duttenhofer, 1811–1814, Plattenmaß 79,5 × 53 cm

26 Grabmal des Erzbischofs Konrad von Hochstaden (1238–1261) in der Johanneskapelle. Nach einem Kupferstich von J. Hoffmann und C. Moisy (1811–1823) aus dem Domwerk von Boisserée.

für seine Vollendung zu werben. In seinem 1821 bis 1832 erschienenen monumentalen Kupferstichwerk *Ansichten, Risse und einzelne Theile des Doms von Köln...* bracht er der Öffentlichkeit sein Anliegen nahe. Er schaffte es, Goethe, König Ludwig von Bayern und schließlich auch den jungen Kronprinzen von Preußen für den Dom zu interessieren, noch ehe er ahnte, welch entscheidende Bedeutung gerade der letztere für die zukünftige Entwicklung haben würde. *1, 25, 26*

Durch Beschluß des Wiener Kongresses kam das Rheinland und damit auch Köln nach der Niederlage Napoleons im Jahre 1815 an das Königreich Preußen, das alsbald Verhandlungen mit dem Papst aufnahm, die die Wiederherstellung des Erzbistums Köln zum Ziel hatten. Dabei verpflichtete sich der Staat, die Baulast für die Bischofskirche zu tragen. Nachdem Friedrich Schinkel als preußischer Oberbaudirektor bereits 1816 den Dom besucht und dringend Wiederherstellungsmaßnahmen gefordert hatte, begannen 1823 endlich die praktischen Arbeiten mit dem Aufbau einer neuen Dombauhütte, die zunächst für die Reparatur der Dächer sorgte, aber auch bald Aufmaß- und Steinmetzarbeiten in Angriff nahm. *F 18*

1833 schickte Schinkel den begabten schlesischen Architekten Ernst Friedrich Zwirner (1802–1861) als Dombaumeister nach Köln. Dieser begann sogleich, Pläne für den Ausbau des Domes zu zeichnen und Kosten zu ermitteln. Daneben ließ er das Strebewerk des Chores restaurieren. Die ursprünglich äußerst zarten Strebebögen wurden in deutlich kräftigeren und damit plumperen Formen erneuert. *F 6*

Weiterbau nach dem ursprünglichen Plan

Unter dem sparsamen, seit 1797 regierenden König Friedrich Wilhelm III. war an einen vom Staat finanzierten Weiterbau der Kathedrale nicht zu denken. Erst als Friedrich Wilhelm IV., der *Romantiker auf dem Throne*, im November 1840 zur Regierung kam, keimten neue Hoffnungen auf. Kölner Bürger gründeten den *Zentral-Dombau-Verein*, der vom König unter der Bedingung genehmigt wurde, daß er die gleiche Summe für den Dom aufbrächte wie die Staatskasse. Man einigte sich auf 50000 Taler jährlich.

Am 4. September 1842 war es endlich soweit. Der König kam selbst nach Köln und legte im Verlauf des ersten der vielen Dombaufeste des 19. Jahrhunderts zusammen mit dem Erzbischof Johannes von Geissel (1841–1864) am Westpfeiler der südlichen Querhausfassade den Grundstein zum Weiterbau.

Die vom König genehmigten Pläne sahen vor, Lang- und Querhaus ohne das teure Strebewerk zu errichten. Doch dies wollte der Dombauverein nicht hinnehmen. Er verwies darauf, daß der König sich durch die Genehmi-

gung des Statutes, das den Ausbau *nach dem ursprünglichen Plan* ausdrücklich hervorhob, ebenfalls auf diesen festgelegt habe. Der König gab schließlich nach, was ihm persönlich gewiß nicht schwerfiel, und Zwirner konnte
F 19 seine Pläne um den Bau des Strebewerks erweitern.

Zunächst aber mußten die Querhausfassaden gebaut
F 80, 82 werden, von denen es keine mittelalterlichen Pläne gab. Zwirner entwickelte sie aus Elementen des großen Fassadenplans und des ausgeführten Südturms völlig neu, wobei er ständig Kontakt mit Schinkel, Boisserée und dem König hielt. Als an der Nordseite unter Schutt und
F 81 Trümmern ein Fassadenfragment zum Vorschein kam, das erheblich von dem an der Südseite bereits im Bau befindlichen Zwirnerprojekt abwich, verlangte der Dombauverein, diese Teile wieder abzutragen und nach dem aufgefundenen Rest eine neue Fassade zu erarbeiten. Zwirner zeichnete sofort einen solchen Plan, aber der König beendete den heftig tobenden Streit, indem er weise entschied, daß beide Entwürfe auszuführen seien. So kam der Dom in den Genuß zweier unterschiedlicher Querhausfassaden: auf der Nordseite dem mittelalterli-
F 4 chen Plan, auf der Südseite dem rein neugotischen Zwirner-Entwurf entsprechend.

Zum Dombaufest von 1848, das trotz der politischen Wirren und großer finanzieller Not mit beträchtlichem Aufwand gefeiert wurde, waren alle Seitenschiffe und das Mittelschiff bis über das Triforium aufgebaut. Mit 27 Metern war die Innenhöhe des Domes nun bereits doppelt so hoch wie vor 1842. Dann wuchsen die 70 Meter hohen Querhausfassaden empor. Zum letzten Mal sah der König den Dom, als er am 3. Oktober 1855 der Auf-
richtung der Kreuzblume auf dem Südgiebel beiwohnte. F 82, 83
1861 wurde das Dach mit dem 109 Meter hohen Vierungsturm vollendet, und zwei Jahre später gab man das gesamte Innere für den Gottesdienst frei. Endlich konnte
die große Trennwand, die seit 560 Jahren den Chor nach F 8, 9, 14
Westen abschloß, abgebrochen werden. Doch die drei Personen, die am sehnlichsten auf diesen Tag gewartet hatten, erlebten ihn nicht mehr: Boisserée war bereits 1854 gestorben, Zwirner und der König folgten ihm 1861.

Neuer Dombaumeister wurde Richard Voigtel aus 27
Magdeburg, der bereits seit 1855 beim Dombau tätig war. Um den drückenden, immer wiederkehrenden Sorgen um ausreichende Baumittel zu begegnen, veranstaltete der Zentral-Dombau-Verein mit staatlicher Genehmi-
gung ab 1864 die jährlichen Dombaulotterien, die sehr 28
bald beträchtliche Einnahmen brachten. Die gewaltigen, 157 Meter hohen Türme konnten so in nur 17 Jahren
vollendet werden. 1868 hatte der Nordturm die Höhe des F 84, 85
Südturms erreicht, und der alte Kran, das Wahrzeichen

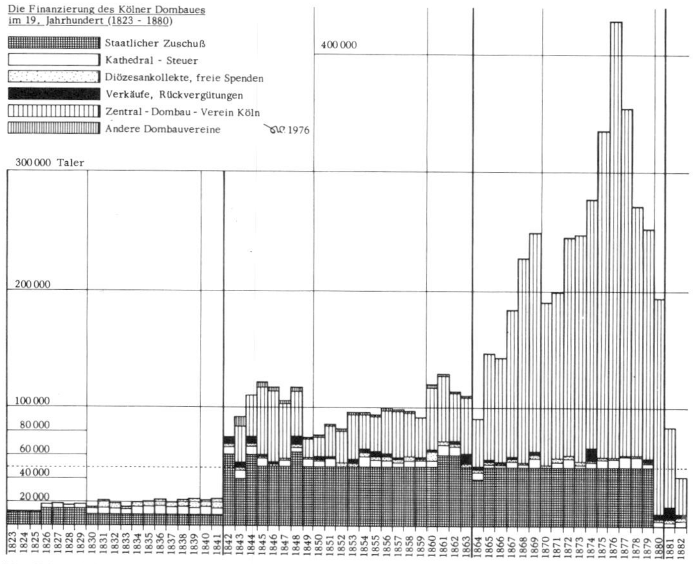

Das Schaubild macht deutlich, wie wechselvoll sich die Finanzierung des Dombaues im 19. Jahrhundert gestaltete. Trotz des praktisch gleichbleibenden Staatszuschusses, dessen Anteil am Gesamtaufkommen freilich in der dritten Bauphase stark zurückging, mußte die Bauleitung ständig mit unerwarteten Einbrüchen rechnen. Jede politische und wirtschaftliche Krise zeichnete sich überdeutlich in den Einnahmen des Vereins ab. Aus der folgenden Tabelle wird ersichtlich, wie unterschiedlich die Hauptgeldgeber in den drei Bauphasen am Dombau beteiligt waren: (Alle Währungen auf Taler umgerechnet)

	1823–1841	1842–1863	1864–1880	1823–1880
Gesamt-Ausgaben	357272	2215824	4054939	6628035
Staatszuschuß	60,4 %	51,5 %	19,5 %	32,4 %
Kathedralsteuer und Kollekte	38,7 %	8,0 %	3,3 %	6,8 %
Dombauverein(e)	–,–	37,9 %	76,5 %	59,4 %
Sonstiges	0,9 %	2,6 %	0,7 %	1,4 %

28 Statistik zur Dombaufinanzierung

27 Nach Art mittelalterlicher Baumeister ließ sich Richard Voigtel (Dombaumeister von 1861–1902) 1870 als Konsolfigur in der ersten Galerie des Nordturms darstellen.

der Stadt Köln, mußte, von vielen betrauert, dem Baufortschritt weichen. Als am 15. Oktober 1880 der letzte Stein auf die Kreuzblume des Südturms gesetzt wurde,
29, 30 konnten die Kölner in Anwesenheit von Kaiser Wilhelm I. nach 632 Jahren die Vollendung ihres Domes
F 1, 2 feiern.

Kunstwerke des 19. Jahrhunderts

Obwohl der Staat nur für die reinen Baukosten aufkam, konnte der Bestand an Kunstwerken auch im 19. Jahrhundert durch viele neue Schöpfungen erweitert werden, die ausnahmslos durch private Spenden bezahlt wurden. Schon Schinkel sammelte am Berliner Hof Geld für die
F 7, 88 *zwölf Engel* in den Figurenlauben des Chores, die zwischen 1834 und 1841 nach seinen Entwürfen von dem Kölner Bildhauer W. J. Imhoff ausgeführt wurden. Sie gehören zu den besten klassizistischen Skulpturen in Deutschland.

1843–1845 malte der Nazarener Edward von Steinle in
F 15, 17 den Arkadenzwickeln des Chores großartige *Engelsgestalten* in Freskotechnik, um die stark beschädigten mittelalterlichen Originale, die unter der barocken Tünche zum Vorschein kamen, zu ersetzen. Bald darauf begann

29 Blick in den offenen Maßwerkhelm des Nordturms, ausgeführt 1877–1880

30 Die Urkunde zur Vollendung des Domes wird in die Kreuzblume eingelegt. Holzschnitt aus der Allgemeinen Illustrirten Zeitung

Friedrich Overbeck in Rom mit der Arbeit an einem großen Gemälde der *Himmelfahrt Mariens*, das 1854 im F 73
Dom Aufstellung fand und heute an der Südwand des Querhauses hängt.

Bereits 1842 stiftete König Ludwig von Bayern die fünf
Fenster für das südliche Seitenschiff, die in der königli- F 76
chen Anstalt für Glasmalerei in München ausgeführt und 1848 eingesetzt wurden. Sie stellen eine gedrängte Geschichte der Erlösung von der Taufe des Johannes über die drei großen göttlichen Taten der Geburt Christi, seiner Passion und der Herabkunft des Heiligen Geistes bis zum Martyrium des heiligen Stephanus dar. An dem einzigartigen Zyklus, wohl dem künstlerisch bedeutendsten des 19. Jahrhunderts, wirkten die besten und bekanntesten Meister der Münchener Schule mit. Das inhaltliche und formale Gesamtkonzept dürfte fast ausschließlich auf Ideen von Sulpiz Boisserée zurückgehen.

Die gleiche Werkstätte schuf 1854 auch das Görresfen- F 77
ster zu Ehren des großen Publizisten und Lehrers Joseph Görres, das nach schweren Kriegsbeschädigungen

restauriert und 1980 im südlichen Querhaus wiedereingesetzt wurde. Daneben sieht man das erst 1875 vollendete Fenster mit der Darstellung des Apostelkonzils zu Jerusalem. Diesem gegenüber wurde 1994 das im Kriege zerstörte, völlig rekonstruierte Paulusfenster wieder eingesetzt. Das in seinen wichtigsten Teilen erhaltene große Westfenster von Julius Milde wurde 1993 an seinen angestammten Ort zurückgeführt.

Um Entwürfe für die Ausgestaltung der neun großen Portale mit Skulpturen zu gewinnen, wurde der Münchener Bildhauer Ludwig Schwanthaler mit der Anfertigung von Skizzen beauftragt. Nach seinem Tod im Jahre 1847 vergab man die Ausführung an Christian Mohr, der sämt-
F 4, 86 liche *Figuren der Südportale* schuf. Er behielt die Gesamtkomposition Schwanthalers bei, wandelte aber dessen klassizistische Linienführung ins nazarenisch-neugotische ab. Die sanfte Traurigkeit, die vor allem die großen Standfiguren kennzeichnet, erinnert an die Kunst Friedrich Overbecks.

F 1, 89 Die beiden übrigen *Portalfronten* wurden von etwa 1868–1882 fast vollständig mit Skulpturen von Peter Fuchs ausgestattet, dessen Spätstil dem realistischen Kunstverständnis der Zeit nach der Reichsgründung entgegenkam. Weniger sensibel als Mohr, aber sehr viel williger den Wünschen der Auftraggeber folgend, wurde
F 92, 93 seine anfangs noch variantenreiche Formensprache zunehmend trockener und formalistischer, was bei der fast serienmäßig betriebenen Produktion von etwa 700 Figuren kaum noch verwundert.

So war es nur folgerichtig, daß man Fuchs bei der Gestaltung der *Bronzeportale* überging und jüngere Künstler heranzog. Hugo Schneider gestaltete 1883–1890 die Türflügel der Südseite, die leider im Krieg zerstört wurden, und die der Westseite. Ihre phantasievollen Formen, die den Naturalismus des Peter Fuchs überwinden und mit ihrem stilisierten Laubwerk bereits auf den Jugendstil hinzuweisen scheinen, werden noch übertroffen durch die ungemein reizvollen Reliefs der
31, 32 klugen und törichten Jungfrauen von Wilhelm Mengelberg in den Portalen der Nordseite.

Von diesem vielseitigen Kölner Künstler, der seine Werkstätte während des Kulturkampfes nach Utrecht verlegt hatte, stammen auch die 1893–1897 eingesetzten *Kreuzwegstationen* an den Wänden des Langhauses. Die
F 79 13. Station, die Beweinung Christi, wurde in der Erdgeschoßhalle des Südturms als große monolithische Plastik mit subtiler farbiger Fassung gestaltet und von einem prachtvollen neugotischen Baldachin überdacht. Für die Rückseite des Klarenaltars malte er 1905 eine
F 78 großformatige Darstellung der Heiligsten Dreifaltigkeit in leuchtenden Farben.

F 15, 61 Größtes Ausstattungsstück des 19. Jahrhunderts wurde der *Mosaikfußboden* im Chor. Ab 1885 zeichnete
F 74, 75 August Essenwein, der auch das reichhaltige theolo-

31, 32 Die Medaillons mit Darstellungen von klugen und törichten Jungfrauen auf den 1891–1897 entstandenen Bronzetüren des mittleren Nordportals gehören zu den besten Werken Wilhelm Mengelbergs.

gisch-metaphorische Programm erstellte, an den Entwürfen. Als er 1892 starb, waren erst der Chorumgang mit seiner Bischofsliste und die heute verdeckte Vierung vollendet. Fritz Geiges setzte die Arbeiten bis 1899 fort und führte nach Essenweins Vorlagen die Felder im Ostbereich des Binnenchores aus. Die Mosaiken aus vielfarbigem keramischen Material wurden von Villeroy & Boch in Mettlach hergestellt. Nachdem sie von der Öffentlichkeit wie von der Kunstwissenschaft fast hundert Jahre nahezu völlig ignoriert wurden, zeigt sich heute ein wachsendes Interesse an diesem eigentümlichen, in seiner Art einmaligen Werk.

Im Jahre 1873 wurde ein Wettbewerb für eine vollstän-
F 70 dige neugotische Ausgestaltung des Hochchores ausgeschrieben, zu dem viele interessante Entwürfe eingingen. Es waren nicht nur die Kosten, die die Ausführung verhinderten, sondern wohl noch mehr die Unmöglichkeit, einen Konsens in einer derart schwierigen Frage herbeizuführen. So wurde nach endlosen Diskussionen, in deren Verlauf sich das Vorhaben als immer fragwürdi-
F 69 ger erwies, als einziges die *Achskapelle* zwischen 1889 und 1907 im Sinne einer neugotischen Innendekoration ausgestaltet. Beteiligt waren so bekannte Künstler wie Friedrich Stummel und Wilhelm Mengelberg. Anstelle des Mosaikfußbodens, der 1947 den archäologischen Ausgrabungen zum Opfer gefallen war, wurde 1975 ein Plattenbelag Mettlacher Herkunft aus der damals abgebrochenen Dominikanerkirche in Düsseldorf verlegt.

Steinzerfall, Krieg und Wiederherstellung

Nach dem Dombaufest von 1880 waren noch viele Restarbeiten zu erledigen, doch auch diese gingen bald zur Neige, und die Dombauhütte, die zu ihren besten Zeiten über 500 Mitarbeiter beschäftigte, schrumpfte auf einen kleinen Kern zusammen. Aber nur wenige Jahre blieb der Dom in allen seinen Teilen wirklich vollständig, unversehrt und ohne Gerüste. Bereits 1904, als die Schäden im Strebewerk des Chores unübersehbar geworden waren und auch bereits Teile des 19. Jahrhunderts abstürzten, begann Dombaumeister Bernhard Hertel (1903–1927), die Hütte wieder aufzufüllen. Er und sein Nachfolger Hans Güldenpfennig (1928–1944) erneuerten
F 5, 6 bis 1940 das gesamte Strebewerk des Chores in Muschelkalk, was aus heutiger Sicht ein schlimmer Fehler war, denn dieses Material begann bereits nach wenigen Jahren heftig zu verwittern.

Im Zweiten Weltkrieg trafen 14 schwere Fliegerbomben den Dom, obwohl man annehmen muß, daß alle kriegsführenden Mächte sich bemühten, den weltberühmten Bau zu schonen. Zehn Hochschiffgewölbe des Langhauses und des nördlichen Querhauses stürzten ein, alle Fenstermaßwerke wurden beschädigt, der Giebel der Nordfassade brach herunter und begrub die große Orgel *33*
unter sich. In den nördlichen Strebepfeiler der Westfassade riß eine Luftmine ein gefährlich großes Loch, das *F 1*
sofort mit Ziegeln geschlossen werden mußte und in dieser Form noch heute an die Schrecken des Krieges erinnert.

Nach dem Krieg erhielt Dombaumeister Willy Weyres (1944–1972) den Auftrag, bis zum Jubiläumsjahr 1948 wenigstens den Chor des Domes wieder benutzbar zu machen, was unter unsäglichen Mühen auch gelang.

33 Das nördliche Querhaus nach dem Zweiten Weltkrieg

Doch erst 1956 wurden auch die stark geschädigten Westteile dem Gottesdienst zurückgegeben.

Unter den Kunstwerken, die in dieser Zeit entstanden,
F 4, 87 verdienen besonders die *Bronzeportale der südlichen Querhausfassade* von Ewald Mataré Beachtung, die zwischen 1948 und 1954 eingesetzt wurden. Willy Weyres selbst schuf eine Fülle von *Glasmalereien*, vor allem um
F 68 die riesigen Flächen der Langhausfenster zu schließen. Besonders phantasievolle Formen gelangen ihm im nördlichen Chor-Seitenschiff über den Türen zur Sakristei. In einer späteren Phase wurde der Bildhauer Elmar Hillebrand für den Dom tätig. Ihm sind vor allem die Bronzegußwerke im Bereich des 1960 errichteten Vierungsaltars zu verdanken. Paul Nagel trug die kraftvollen schmiedeeisernen Gitter im Bereich der Krypta bei. Unter der 1948 von Weyres erbauten Orgelempore malte Peter Hecker 1964 sein letztes monumentales Werk.

1962 begann die Dombauhütte mit der Wiederherstellung der besonders stark zerstörten Fassade des nördlichen Querhauses. Diese Arbeiten konnten erst im Jahre 1982 unter Dombaumeister Arnold Wolff (seit 1972) abgeschlossen werden.

Doch die Bauarbeiten gehen weiter. Wie im Mittelalter begleitet eine ständige Bauhütte das Leben der Kathedrale, deren Gestein durch Wind und Wetter, oft noch verstärkt durch Schadstoffe in der Luft, zerfressen wird.
34, 35 Ein Betrieb mit etwa 85 Mitarbeitern sorgt dafür, daß
F 90–93 zerstörte Bauteile in verwitterungsfestem Material ersetzt werden. Auch die Schäden des Krieges sind noch lange nicht behoben. Nicht nur das Steinwerk braucht seine Pflege, sondern auch die Dächer, die Rinnen und die Dachräume müssen in Ordnung gehalten werden. Besondere Sorgfalt verlangen die Glasmalereien, für deren Pflege die größte Glasrestaurierungswerkstätte Europas sorgt. Eine eigene Abteilung befaßt sich mit der Archäologie unter dem Fußboden des Domes, wo Zeugnisse aus zwei Jahrtausenden aufzudecken sind. Kunsthistoriker betreuen die Ausstattungswerke im Inneren, die vielen Modelle von Skulpturen und die umfangreichen Archivalien der Kathedrale.

Es ist vorauszusagen, daß die Hütte, unter Umständen später in verkleinerter Form, auf Dauer bestehenbleiben und auch stets Arbeiten am Außenbau verrichten muß. Keiner der heute Lebenden wird den Dom jemals ohne Gerüste sehen. Der Kölner Volksmund sagt dazu: Wenn der Dom fertig ist, geht die Welt unter!

34 Steinmetz der Dombauhütte an einem gotischen Werkstück

35 Steinmetzen der Dombauhütte beim Versetzen eines erneuerten Strebebogens

Ausgewählte Literatur

Kölner Domblatt. Amtliche Mittheilungen des Central-Dombau-Vereins, Wochenschrift 1/1842–132/1844; Monatsschrift 1/1844–331/1892

Kölner Domblatt. Jahrbuch des Zentral-Dombau-Vereins, Folge 1, 1948, bis Folge 60, 1995 (wird jährlich fortgesetzt)

Boisserée, Sulpiz: *Ansichten, Risse und einzelne Theile des Doms von Köln,* Stuttgart 1821–1832, 2. Aufl. München 1842, neu hg. von Arnold Wolff, Köln 1979

Schmitz, Franz: *Der Dom zu Köln. Seine Konstruktion und Ausstattung,* Köln/Neuss 1868–1879, 2. Aufl. Frankfurt 1910

Ennen, Leonard: *Der Dom zu Köln von seinem Beginne bis zu seiner Vollendung.* Festschrift, Köln 1880

Der Dom zu Köln. Festschrift zur Feier der 50. Wiederkehr des Tages seiner Vollendung am 15. Oktober 1880, hg. von Erich Kuphal, Köln 1930

Clemen, Paul: *Der Dom zu Köln,* 2. Aufl. Düsseldorf 1938 (Die Kunstdenkmäler der Rheinprovinz VI/3)

Der Kölner Dom. Festschrift zur Siebenhundertjahrfeier 1248–1948, hg. vom Zentral-Dombau-Verein, Köln 1948

Hoster, Joseph: *Der Dom zu Köln,* Köln 1965

Wolff, Arnold: *Der Kölner Dom,* Stuttgart 1974, 4. Aufl. 1985

Rode, Herbert: *Die mittelalterlichen Glasmalereien des Kölner Domes* (Corpus Vitrearum Medii Aevi), Berlin 1974

Das Kölner Dom Jubiläumsbuch 1980. Offizielle Festschrift der Hohen Domkirche Köln, hg. von Arnold Wolff und Toni Diederich, Köln 1980

Der Kölner Dom im Jahrhundert seiner Vollendung. Katalog und Essayband, hg. von Hugo Borger, Köln 1980

Borger, Hugo: *Der Dom zu Köln,* Köln 1980

Doppelfeld, Otto/Willy Weyres: *Die Ausgrabungen im Dom zu Köln,* hg. von Hansgerd Hellenkemper, Mainz 1980 (Kölner Forschungen Bd. 1)

Klein, Adolf: *Der Dom zu Köln. Die bewegte Geschichte seiner Vollendung,* Köln 1980

Schulten, Walter: *Der Kölner Domschatz,* Köln 1980

Wolff, Arnold: *Dombau in Köln. Photographen dokumentieren die Vollendung einer Kathedrale.* Stuttgart 1980

Religion – Kunst – Vaterland. Der Kölner Dom im 19. Jahrhundert, hg. von Otto Dann, Köln 1983

Wolff, Arnold: *Vorbericht über die Ergebnisse der Kölner Domgrabung 1946–1983,* Opladen 1983 (Forschungsberichte des Landes Nordrhein-Westfalen Nr. 3000)

Verschwundenes Inventarium. Der Skulpturenfund im Kölner Domchor. Ausstellungskatalog, Köln 1984

Weyres, Willy: *Die vorgotischen Bischofkirchen in Köln* (Studien zum Kölner Dom, Band 1), Köln 1987

Springer, Peter: *Das Kölner Dom-Mosaik* (Studien zum Kölner Dom, Band 3), Köln 1991

Schumacher, Thomas: *Großbaustelle Kölner Dom. Technik des 19. Jahrhunderts bei der Vollendung einer gotischen Kathedrale* (Studien zum Kölner Dom, Band 4) Köln 1993

Fotonachweis

Friedmar Damm: F 3
Wim Cox: F 46
Dombauarchiv Köln: Abb. 12, 32, 34; F 47–55, 77, 83–85, 92
Rainer Gaertner: Abb. 15, 18; F 1, 2, 4, 7–11, 22, 24–26, 29–31, 33, 59, 61, 64, 65, 67, 75, 79, 86, 87, 89, 94
Reiner Palm: Abb. 22
Rheinisches Bildarchiv, Köln: Abb. 19–21, 26, 30–33; F 18, 20, 28, 70–74, 80–82; Helmut Buchen: F 6, 21, 27, 32, 38–45, 56, 60, 62, 63, 66, 76, 78; Wolfgang F. Meier: F 23, 34–37, 57, 58, 69
Verlag Kölner Dom: Abb. 1, 2, 11, 17
Arnold Wolff: Abb. 3–10, 13, 14, 16, 23–25, 28; F 5, 12–17, 19, 68, 88, 90, 91, 93

Legenden zu den Farbtafeln

F 1 Die Westfassade des Domes – 157 m hoch. Baubeginn um 1300, Vollendung am 15. Oktober 1880.

F 2 Die Westfassade oberhalb des Erdgeschosses.

F 3 Gesamtansicht des Domes von Süden.

F 4 Die südliche Querhausfassade, entworfen und erbaut von Dombaumeister Ernst Friedrich Zwirner, 1842–1855.

F 5 Der Obergaden des Chores von Süden. Oberhalb des sehr schlichten Erdgeschosses (etwa 1250–1260) erheben sich die reichgegliederten Strebepfeiler, die die schlanken Wandpfeiler zwischen den riesigen Fenstern abstützen (um 1270–1300).

F 6 Der Chor von Osten. Baubeginn der Chorkapellen 1248, Vollendung des Obergadens um 1300.

F 7 Das Kölner Rheinufer. Gewaltig erhebt sich der Baukörper der Kathedrale über der modernen Großstadt, in der nur noch wenige Bauten, wie die Türme Groß St. Martins und des Rathauses, an die mittelalterliche Größe erinnern.

F 8 Blick aus dem Chor in das 1863 vollendete Langhaus.

F 9 Blick von Westen in den 1322 geweihten Chor.

F 10 Das Chorhaupt mit den um 1300–1310 eingesetzten Königsfenstern.

F 11 Die Gewölbe der Achskapelle und des Chorumgangs, fertiggestellt um 1265.

F 12 Die Gewölbe des ersten Obergeschosses des Südturms, fertiggestellt 1876. Die Wände und das Fenstermaßwerk des Raumes gehören noch dem 14. Jahrhundert an.

F 13 Das Erdgeschoß des Südturms. Wände und Pfeiler frühes 14. Jahrhundert, Gewölbe 1876.

F 14 Die Vierung. Die 45 m hohen Gewölbe von Vierung, Langhaus (unten) und Querhaus wurden 1863 geschlossen. Die meisten stürzten im Zweiten Weltkrieg ein und wurden bis 1956 erneuert, kenntlich an den figürlichen Schlußsteinen (unten und rechts). Oben der um 1300 vollendete Chor.

F 15 Blick aus dem inneren südlichen Seitenschiff des Chores nach Westen. Pfeiler und Gewölbe um 1265 vollendet, Chorschranken vor 1322, Mosaikfußboden um 1890. Im Hintergrund das südliche Langhausseitenschiff, Pfeiler 14. Jahrhundert, Gewölbe 1842–1848.

F 16 Die Langhausnordwand nach Westen. Die Pfeiler und die drei letzten Bögen gehören dem 15. und frühen 16. Jahrhundert an, die übrigen Teile den Jahren 1842–1863.

F 17 Die Nordwand des Chores, aus dem südlichen Seitenschiff gesehen. Alle Architekturteile 1248 bis um 1300, Königsfenster um 1300–1310, Engel in den Zwickeln der Erdgeschoßarkaden von Edward von Steinle, 1843–1846. Verglasung des Triforiums 19./20. Jahrhundert.

F 18 Eine Strebewand des Chores, erbaut etwa 1270–1290. Zeichnung von Kronenberg, 1823–1825, Bleistift, Tusche und Aquarell auf Karton, 273 × 142 cm, Köln, Dombauarchiv.

F 19 Das Strebewerk der Langhaussüdseite, erbaut 1855–1863 nach dem Vorbild des Chores. Im Hintergrund der Südturm, unten 14. Jahrhundert, von Bildmitte an aufwärts 1869–1875.

F 20 Der unvollendete Dom in seiner Umgebung, Zustand um 1780. Farbig gefaßtes Gipsmodell im Maßstab 1:200, nach Angaben von Ludwig Arntz von Hans Boffin gebaut, um 1925. Ansicht von Nordwesten. Das Modell zeigt recht getreu den Ausbauzustand des Domes. Die Vierung war ebenfalls mit Dächern versehen und nicht, wie hier dargestellt, offen. Der romanische Bischofspalast im Hintergrund, erbaut unter Erzbischof Reinald von Dassel (1159–1167), stand jedoch schon lange nicht mehr.

F 21 Die hl. Katharina. Eine der 34 Bogenlauffiguren des Petersportals (F 22). Heller Kalkstein, Höhe 67 cm, um 1375 von Bildhauern der Parlerschule.

F 22 Das Petersportal. Dieses bis zum Bogenscheitel 11 m hohe Portal ist das einzige der neun Tore des Domes, das im Mittelalter vollendet wurde. Der Figurenschmuck wurde um 1375 von Bildhauern der Parlerschule geschaffen, die dunkleren Figuren im Vordergrund von Peter Fuchs, 1880. Das Bronzeportal von 1889 wurde von Hugo Schneider entworfen. Die im Krieg zerstörte Supraporte (dunkle Felder) wurde 1979 von Serban Rusu und Giuseppe Lotito rekonstruiert.

F 23 Der Petrusstab (oberer Teil). Der Elfenbeinknauf ist vielleicht noch römisch, die Metallteile stammen aus verschiedenen Jahrhunderten. Sie umhüllen die eigentliche Stabreliquie.

F 24 Hillinus-Codex, Widmungsbild. Der Dompriester Hillinus überreicht dem hl. Petrus das Buch, das er auf eigene Kosten hatte anfertigen lassen. Über der Szene erscheinen die oberen Teile eines Kirchenbaus, der als der Alte Dom gedeutet wird. Handschrift mit Miniaturen, um 1025, Blattgröße 37 × 27 cm, Cod. Metr. Col. 12, Köln, Dombibliothek.

F 25 Grabplatte des Erzbischofs Gero (969–976) in der Stephanuskapelle, weißer Marmor, roter Porphyr und lakedämonischer (grüner) Porphyr auf roter Buntsandsteinplatte. Abgebildet ist nur das Intarsienfeld, ca. 197 × 50 cm.

F 26 Das Gerokreuz, gestiftet von Erzbischof Gero, vor 976. Korpus (1,87 m hoch) und Kreuz (2,85 m hoch) aus Eichenholz. Fassung mehrfach überarbeitet, zuletzt um 1900.

F 27 Die Übertragung der Reliquien der Heiligen Drei Könige nach Mailand und Köln. Darstellung aus dem Bilderzyklus der Chorschrankenmalerei im Kölner Dom, 14. Jh.

F 28 Koloriertes Blatt aus dem Jahre 1633. Vor der eisernen, rotgestrichenen Gittertür erkennt man eine Betbank und links davon einen Opferstock. Rechts vor dem Gitter der Irmgardiskapelle liegt der Strebepfeileraufsatz, der am 7. Oktober 1434 die Gewölbekappe der Achskapelle durchschlug und den Schrein nur knapp verfehlte. Das entstandene Loch in der Decke wurde durch eine Inschrift kenntlich gemacht. Köln, Kölnisches Stadtmuseum.

F 29 Frontseite des Dreikönigenschreins. Im unteren Bereich die Anbetung der Heiligen Drei Könige (li.) und die Taufe Christi (re.). In der Mitte thront Maria mit dem Kind. Über der abnehmbaren Trapezplatte im oberen Giebelfeld die Darstellung der Wiederkunft Christi zum Jüngsten Gericht.

F 30 Gesamtansicht des Schreins nach der Restaurierung durch Fritz Zehgruber und Peter Bolg in den Jahren 1961 bis 1973.

F 31 Der Prophet Jonas von der Davidseite des Schreins nach der Restaurierung durch Fritz Zehgruber und Peter Bolg.

F 32 Darstellung der Maria mit dem Kind und der Anbetung der Heiligen Drei Könige, in deren Gefolge Otto IV. (1198–1215). Frontseite des Dreikönigenschreins.

F 33 Blick auf die Südseite des Binnenchores mit Chorgestühl und Chorschrankenmalereien. Die Chorschrankenmalerei schildert hier den Abschluß der Legende der Heiligen Drei Könige mit ihrer Bischofsweihe durch den Apostel Thomas, ihrem Begräbnis, dann zuerst der Übertragung der Gebeine nach Konstantinopel mit der hl. Helena im Vordergrund, nach Mailand und schließlich nach Köln.

F 34–37 Knäufe des Chorgestühls.

F 38–42 Details der Chorschrankenmalerei aus dem Schriftband unter den Legendenszenen.

F 43 Ausschnitt aus der Marienlegende auf der Südseite der Chorschranken mit der Geburt Mariens und der Verkündigung an Maria.

F 44 Hochaltar, Detail: Marienkrönung mit Johannes dem Evangelisten und Petrus, dem Patron des Altars.

F 45 Drei der vierzehn Chorpfeilerfiguren: Christus, Petrus und Andreas, leuchtend im Reichtum der ornamentierten Gewänder, auf den mit unterschiedlichem Blattwerk versehenen Konsolen und mit den beiden Varianten der Baldachine.

F 46 Maria aus der Reihe der Chorpfeilerfiguren.

F 47 Einer der 48 Könige der Obergadenfenster des Chores.

F 48 Kopf der Maria, Detail aus der Szene der Geburt Christi des jüngeren Bibelfensters in der Stephanuskapelle, ehemals im Chor der Dominikanerkirche Hl. Kreuz, um 1280.

F 49–52 Opferung Isaaks und Kreuzigung Christi, Gastmahl Abrahams und Abendmahl, Szenen aus dem älteren Bibelfenster, um 1250–1260 als zentrales Fenster der Achskapelle des Doms entstanden.

F 53 Dreikönigsfenster aus der Achskapelle.

F 54 Ornamentfeld über dem Dreikönigsfenster der Achskapelle.

F 55 Der Kölner Held Marsilius, Detail aus dem Fenster der Geburt Christi im nördlichen Seitenschiff. Die Rechnung wurde am 29. März 1508 vom Rat der Stadt Köln bezahlt.

F 56 Das 1508 vollendete Fenster der Geburt Christi im nördlichen Seitenschiff mit zwei Wappen der Stadt Köln, begleitet von Agrippa und Marsilius, in der unteren Ebene. Darüber von links nach rechts die Heiligen Georg, Mauritius, Gereon und Albinus. Im nächsten Bildstreifen die Geburt Christi und links – als typologisches Vorbild im Alten Testament – Moses vor dem brennenden Dornbusch.

F 57 Graf Gottfried von Arnsberg († 1372), Detail seiner Grabfigur im Westteil der Marienkapelle.

F 58 Grabmal für Erzbischof Philipp von Heinsberg († 1191), zu dessen Zeit mit dem Bau der großen Stadtmauer begonnen wurde, um 1300 entstanden, mit Darstellung der Stadtmauer und dem ältesten erhaltenen Wappen der Stadt Köln.

F 59 St. Christophorus, Meister Tilman, letztes Viertel des 15. Jahrhunderts.

F 60 Am Pfeiler gegenüber dem Christophorus steht die elegante »Schöne Madonna« der Zeit um 1400.

F 61 Blick in den Hochchor. Architektur und Ausstattung (mit Ausnahme von Fußboden und Arkadenzwickeln) im frühen 14. Jahrhundert vollendet.

F 62 Klarenaltar, Detail: Flucht nach Ägypten (um 1350).

F 63 Klarenaltar, Detail: Hirtenverkündigung (um 1400).

F 64 Stephan Lochner, Altar der Stadtpatrone, Detail: Gefährten des hl. Gereon.

F 65 Das Klappbild gibt den Altar der Stadtpatrone vollständig wieder, den Stephan Lochner nach 1442 für die Kapelle des Rats schuf. In geöffnetem Zustand 522 cm breit und 282 cm hoch. Erst 1809 wurde der Altar in den Dom übertragen.

F 66 Detail des Dreikönigsaltars in der Maternuskapelle. Der im 1. Viertel des 16. Jahrhunderts in Antwerpen entstandene Altar kam 1960 im Tauschverfahren in den Besitz des Domes.

F 67 Der Mittelteil des 6,80 m breiten und 5,50 m hohen, 1521 in Antwerpen entstandenen Agilolfusaltars im südlichen Querhaus zeigt Szenen aus dem öffentlichen Leben und der Passion Christi. Die große Bischofsgestalt mit dem Schwert über dem rechten Flügel stellt den Märtyrer Agilolf dar; links erscheint Erzbischof Anno II. (1056–1075) mit einem Kirchenmodell. Es weist ihn als Gründer des östlich des Domchores gelegenen Chorherrenstiftes Maria *ad gradus* aus, aus dem der Altar nach der Säkularisation in den Dom überführt wurde.

F 68 Die Nordwand des Langhauses, aus dem südlichen Seitenschiff gesehen. Pfeiler 14. und 15. Jahrhundert, die beiden westlichen Bögen (links) einschließlich Triforiumsohlbank 16. Jahrhundert, die übrigen Teile 1842–1863. Fenster von Willy Weyres, 1950–1956.

F 69 Die schon 1261 fertiggestellte Achskapelle im Scheitel des Chorumganges wurde 1891 von Friedrich Stummel unter Verwendung mittelalterlicher Freskenreste mit neugotischen Wandmalereien versehen. Wilhelm Mengelberg schuf 1908 den Altaraufsatz sowie die Figuren der Heiligen Drei Könige; die von Alexander Schnütgen gestiftete sog. »Füssenicher Madonna« stammt aus dem 13. Jahrhundert. 1978 wurde die Achskapelle (Dreikönigenkapelle) restauriert.

F 70 Im Rahmen eines 1873 veranstalteten Wettbewerbs für die Ausstattung des Dominneren zeichnete August Rincklake diesen heute im Dombauarchiv aufbewahrten Entwurf eines Hochaltaraufbaus, in den auch der Dreikönigenschrein integriert ist.

F 71 Ausschnitt aus dem dritten einer Folge von Johann Anton Ramboux entworfener Wandteppiche mit Darstellungen des Nizäischen Glaubensbekenntnisses, die zwischen 1851 und 1857 von einem Kölner Frauenverein gestickt wurden und bis 1920 vor den Chorschrankenmalereien hingen (heute im Kölner Erzbischöflichen Priesterseminar).

F 72 Der erste einer Folge von acht Wandteppichen, die nach Entwürfen von Peter Paul Rubens um 1640 gewebt und 1688 an den Dom geschenkt wurden, schildert die Begegnung Abrahams mit Melchisedech.

F 73 Das vom Nazarener Friedrich Overbeck zwischen 1847 und 1855 geschaffene Ölgemälde, das bis zum Ende des Zweiten Weltkrieges als Altarbild des Marienaltars diente und heute im südlichen Querhaus hängt, verbindet die Himmelfahrt Mariens mit Motiven von Immaculata-Darstellungen.

F 74 Nach dem »Revidierten Generalentwurf für die Dombeflurung« von August Essenwein aus dem Jahre 1887 (heute im Dombauarchiv) wurde der Mosaikfußboden des Domchores bis 1899 ausgeführt.

F 75 Das Mosaikfeld im Scheitel des Chorumgangs zeigt den Erzbischof und Kurfürsten Konrad von Hochstaden mit dem Plan des gotischen Doms, dessen Grundstein er 1248 gelegt hatte. Ein Mönch mit Stab und Mitra und ein Ritter mit Schwert, Schild und Helm weisen auf die geistliche und weltliche Macht des Erzbischofs hin.

F 76 Das mittlere der von König Ludwig I. von Bayern gestifteten, 1842–1848 in der Königlichen Glasmalereiwerkstatt München hergestellten »Bayernfenster« im südlichen Seitenschiff schildert im Hauptfeld die Beweinung Christi; in der Mitte darüber das Abendmahl; in den Tabernakeln: Christus erscheint Maria Magdalena und dem ungläubigen Thomas; in den Sockelarkaden die vier Evangelisten.

F 77 Das von Georg Fortner und Heinrich Ainmüller entworfene und 1855/56 von Leonhard Faustner in München ausgeführte Fenster im südlichen Querhaus zeigt Joseph Görres, der 1814 im Rheinischen Merkur zur Vollendung des Kölner Domes aufgerufen hatte, in der Pose mittelalterlicher Stifter, begleitet von seinem Namenspatron, vor der Madonna mit dem Kind kniend.

F 78 Um die nach seiner Aufstellung hinter dem Hochaltar störende rohe mittelalterliche Rückseite des Klarenaltars zu verdecken, malte Wilhelm Mengelberg auf Anregung Alexander Schnütgens 1905 diese großformatige Darstellung der Allerheiligsten Dreifaltigkeit in neugotischem Stil.

F 79 In der Vorhalle unter dem Südturm beschließt eine plastische Gruppe der Beweinung Christi unter einer Baldachinarchitektur den von Wilhelm Mengelberg zwischen 1893 und 1897 geschaffenen Zyklus der Kreuzwegstationen.

F 80 Bau der Portale des Südquerhauses. Hinter den neuen Portalpfeilern erscheinen die provisorischen Abschlußwände des Querhauses aus der Zeit um 1265 (rechts) und um 1388 (mit spitzbogigen Fenstern), ganz rechts die Dombauhütte. Aquarellierte Bleistiftzeichnung von Johann Anton Ramboux, Februar 1844, 107 × 60 cm, Köln, Kölnisches Stadtmuseum.

F 81 Bau der nördlichen Querhausfassade. Hinter den neuen Teilen die provisorischen Abschlußwände des 13. und 14. Jahrhunderts, links die Sakristei mit dem 1866 abgebrochenen Nordbau. Ganz rechts der Südturm mit Kran. Aquarellierte Bleistiftzeichnung von Johann Anton Ramboux, Juni–Juli 1845, 103,5 × 83,7 cm, Köln, Kölnisches Stadtmuseum.

F 82 Das Dombaufest vom 3. Oktober 1855. Auf keinem anderen Bild sind die Träger des Weiterbaus so nahe beisammen: das preußische Königshaus, das Kölner Domkapitel, der Zentral-Dombau-Verein und die Werkleute. Zur Linken auf einer Estrade König Friedrich Wilhelm IV., begleitet von Prinz Wilhelm und Erzbischof Johannes von Geissel mit Weihbischof Baudri und weiteren Domherren. In der Mitte der Zentral-Dombau-Verein: vorn Oberbürgermeister Stupp und der Präsident des ZDV, Justizrat Ferdinand Esser, links von ihnen Heinrich von Wittgenstein, rechts August Reichensperger und sein Freund von Thimus. Hinter den Werkleuten steht Dombaumeister Zwirner. Die Kreuzblume vor ihm war für das Nordportal bestimmt und »zur Vergleichung des Größenmaßstabes [...] hier am Fuße des Südportals aufgestellt«. Aquarellierte Zeichnung, 53,5 × 67 cm, zweiter Entwurf von Edward von Steinle für eine Szene des 1863 ausgeführten Zyklus »Der Ausbau des Domes« im Treppenhaus des alten Wallraf-Richartz-Museums, Köln, Kölnisches Stadtmuseum.

F 83 Der Dom von Südosten. Foto von Johann Franz Michiels, Ende 1855, aufgenommen vom Turm von Groß St. Martin, 43 × 54 cm, Köln, Dombauarchiv.

F 84 Beginn des Weiterbaus der Westfassade. Foto von Ch. Marville, Spätsommer 1853, 35,3 × 25,6 cm, Köln, Dombauarchiv.

F 85 Der Dom von Osten nach dem 15. Oktober 1880. Foto von Anselm Schmitz, 50,8 × 40 cm, Köln, Dombauarchiv.

F 86 Christian Mohr führte nach Zeichnungen Ludwig Schwanthalers zwischen 1849 und 1871 den gesamten Skulpturenschmuck der Südquerhausfassade aus, darunter auch diese Figuren der Märtyrer Stephanus, Agnes, Apollinaris und Pantaleon am rechten Gewände des Mittelportals.

F 87 An die Stelle der 1891 eingesetzten Bronzetüren von Hugo Schneider, die im Zweiten Weltkrieg zerstört wurden, traten die von Ewald Mataré zwischen 1948 und 1954 gestalteten Türen der Südportale, deren Bronzerelief an manchen Stellen durch Mosaiken akzentuiert wird – z. B. die Darstellung des Pelikans als Symbol der Liebe auf der rechten, Papst Pius XII. gewidmeten Tür des Mittelportals.

F 88 Zwischen 1834 und 1841 schuf der Kölner Bildhauer Wilhelm Joseph Imhoff nach Zeichnungen von Karl Friedrich Schinkel zwölf musizierende Engelsgestalten für die sogenannten »Heiligenhäuschen«, die Baldachine der Chorstrebepfeiler (heute im Depot des Domes).

F 89 Alle Skulpturen am Mittelportal der Westfassade wurden zwischen 1872 und 1880 von Peter Fuchs ausgeführt: am Mittelpfeiler die Gottesmutter, in den Gewänden Vorläufer Christi, im Tympanon Szenen und in den Archivolten Figuren aus dem Alten Testament. Neun Engel mit den Leidenswerkzeugen auf den Giebelschrägen von Erlefried Hoppe 1955/56. Die Bronzetüren wurden 1887 von Hugo Schneider entworfen.

F 90 Das Strebewerk der Langhausnordseite. Es ist wie am mittelalterlichen Chor wesentlich einfacher gestaltet als das der Südseite (F 19). Deutlich erkennt man die starken Verwitterungsverluste des Schlaitdorfer Sandsteins.

F 91 Wimperg und Galerie an der Nordwestecke des nördlichen Querhauses. Außer dem Maßwerk des Fensters und seiner Laubwerkumrahmungen sind alle Teile im Jahre 1982 durch die Dombauhütte in Londorfer Basaltlava vollständig erneuert worden.

F 92 Ein Engel für den Wimperg des Petersportals, Höhe ca. 1,90 m, Savonnières-Kalkstein, Peter Fuchs, 1880. Aufgenommen kurz vor der Aufstellung von Anselm Schmitz.

F 93 Derselbe Engel im Jahre 1985. Die starke Verwitterung, die Schmutzkrusten und der Algenbefall werden durch die moderne Luftverschmutzung begünstigt.

F 94 Der Glockenstuhl im zweiten Obergeschoß des Südturms. In der Mitte die St.-Peters-Glocke von 1923.

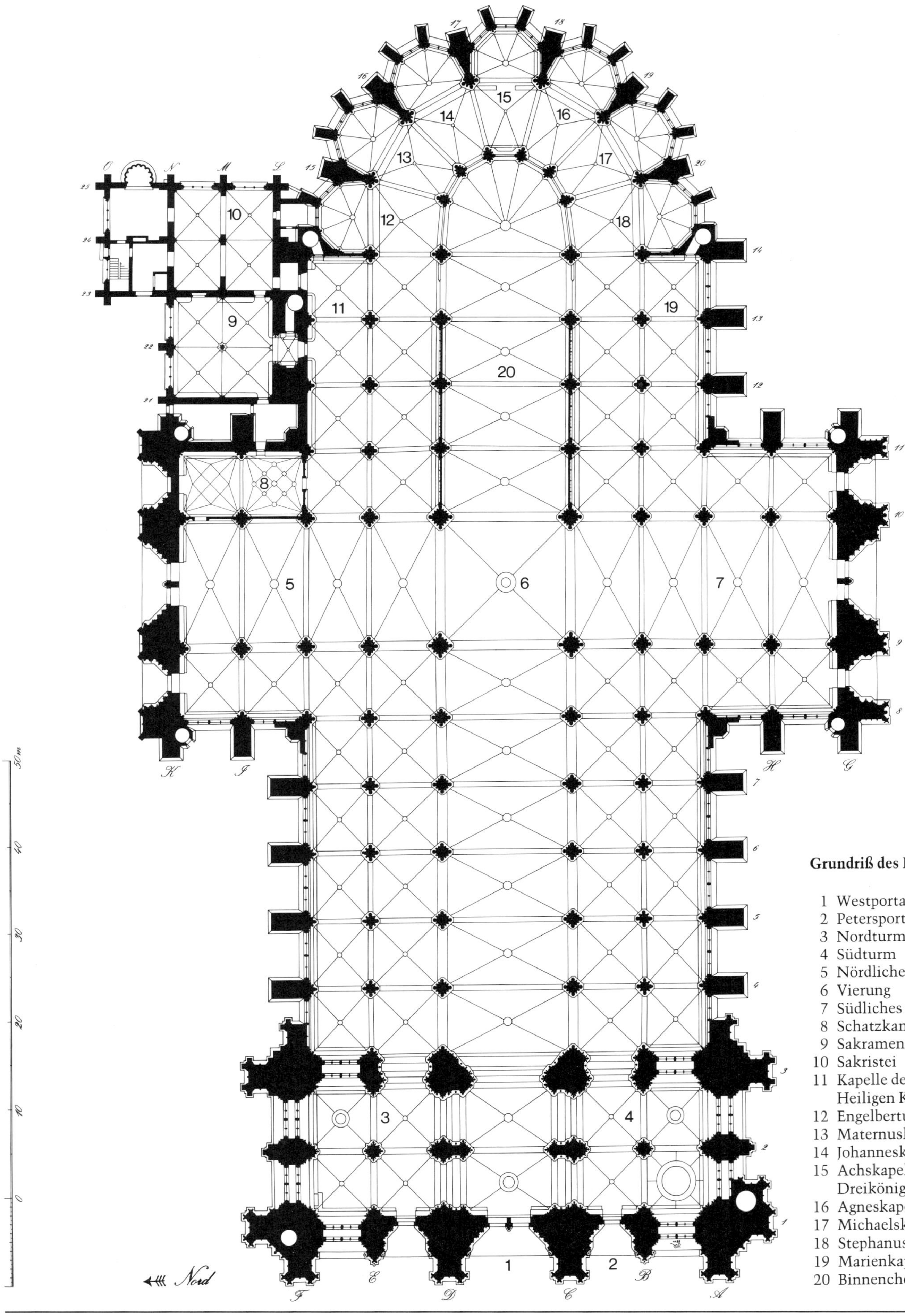

Grundriß des Kölner Domes

1 Westportal
2 Petersportal
3 Nordturm
4 Südturm
5 Nördliches Querhaus
6 Vierung
7 Südliches Querhaus
8 Schatzkammer
9 Sakramentskapelle
10 Sakristei
11 Kapelle des Heiligen Kreuzes
12 Engelbertuskapelle
13 Maternuskapelle
14 Johanneskapelle
15 Achskapelle oder Dreikönigenkapelle
16 Agneskapelle
17 Michaelskapelle
18 Stephanuskapelle
19 Marienkapelle
20 Binnenchor

1

2 ▷

◁ 3 4

5

6 ▷

7 ▷ ▷

HAUS DES KÖLNER HANDWERKS
RÜDESHEIM
DOMSPATZ

HOTEL
DRACHENFELS

8 9 ▷

12

13

Westliche Ansicht der IIten Strebewand an der südlichen Seite des Chors.

18

19 ▷

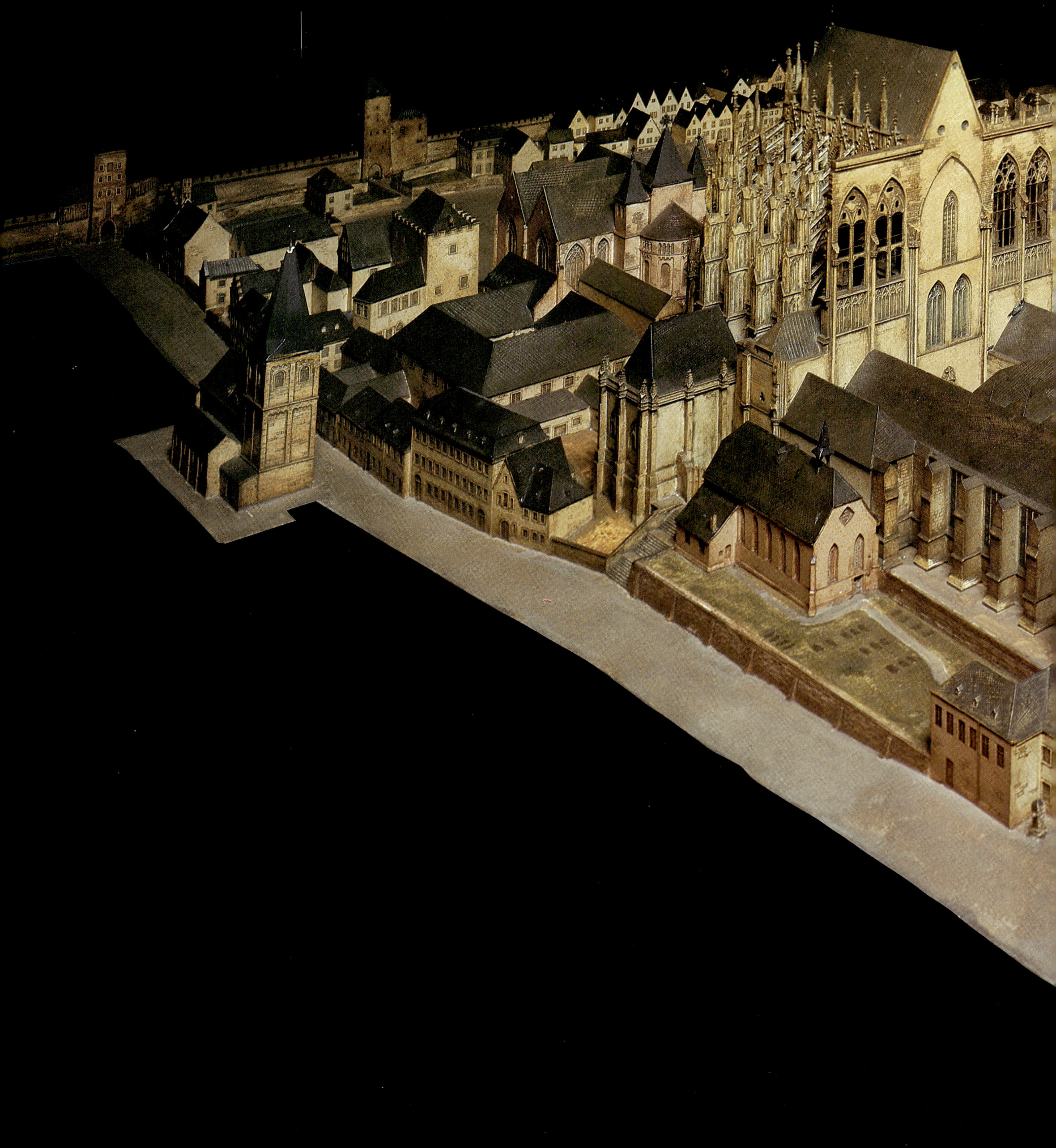

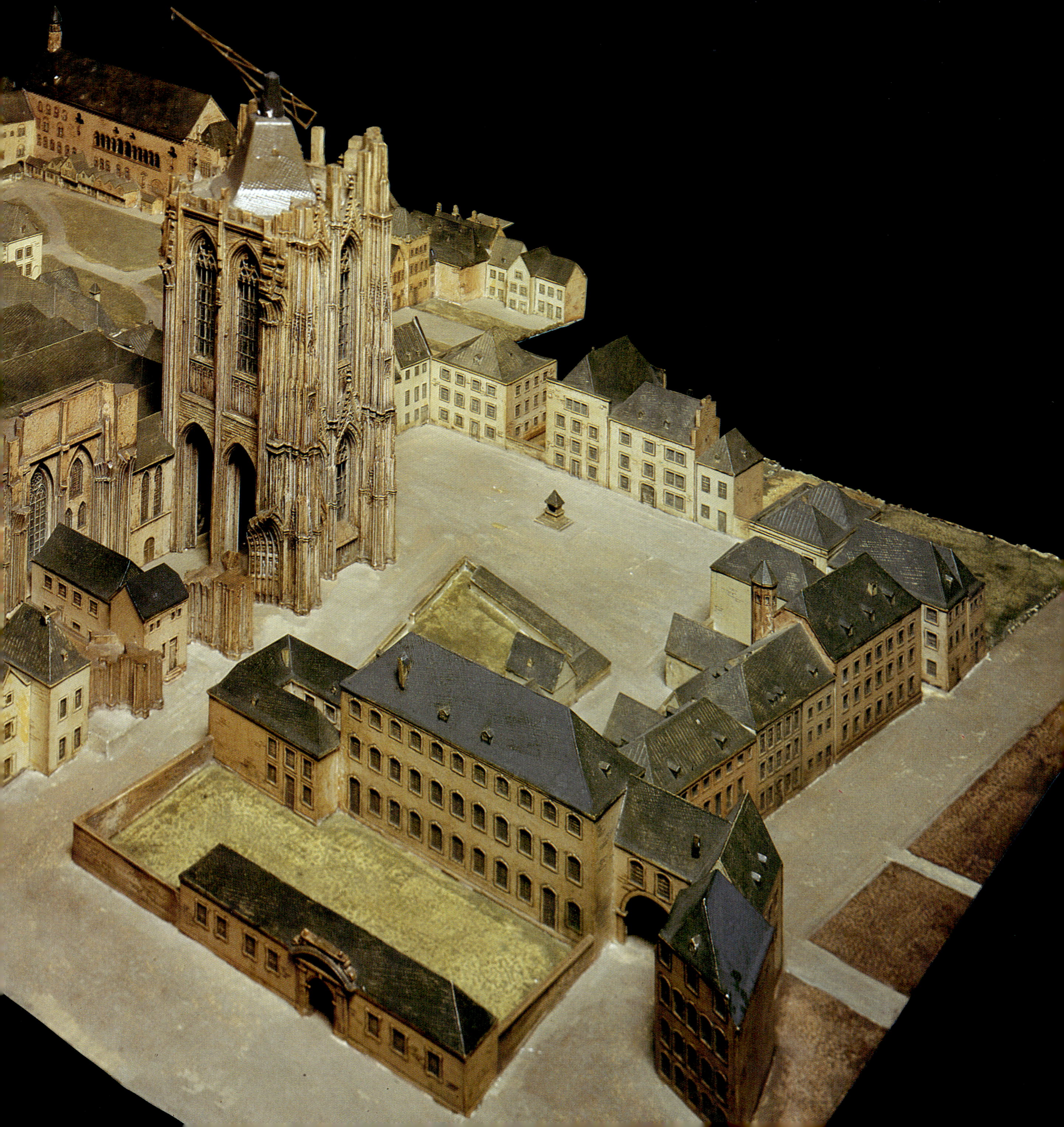

21

23

24 ▷

25 ▷ ▷

26 ▷ ▷ ▷

I·N·R·I·

27

28

29 ▷

30

31 ▷

32 ▷ ▷

IONAS
PROPHETA
PROPTER · ME · ORTA · EST
MITTITE · ME · IN · MAR

34

35

36

37

◁ 33

38

39

40

41

42

anna
maria

44

45 ▷

47 ▷

49

50

51

52

57

58 ▷

59 60 ▷

62

63

◁ 61

65

66

67 ▷

68 ▷ ▷

69

71

72

73

Ludovicus I
Bavariae rex
Donator.
1847

unitas

O ihr alle die ihr vorübergehet sehet ob ein Schmerz gleich sei meinem Schmerze

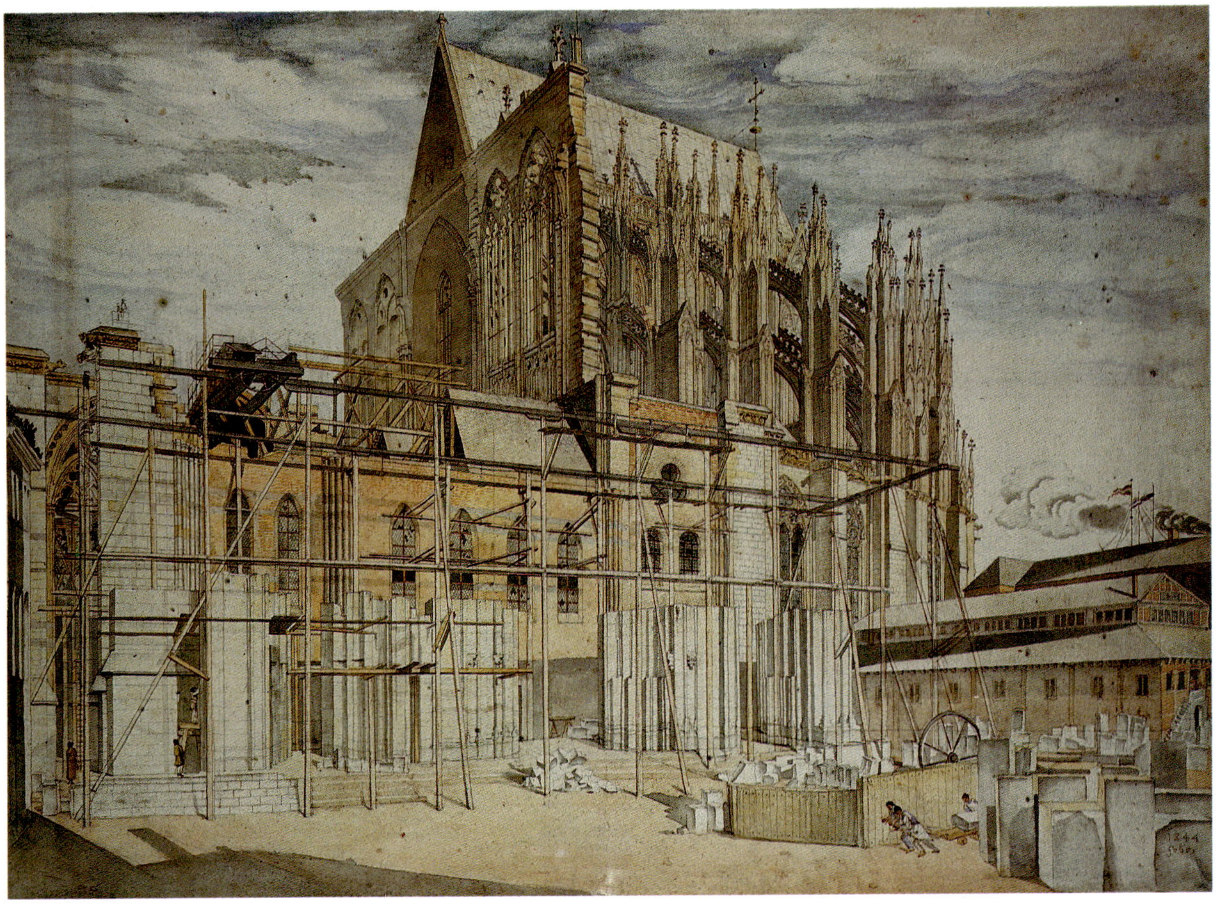

80

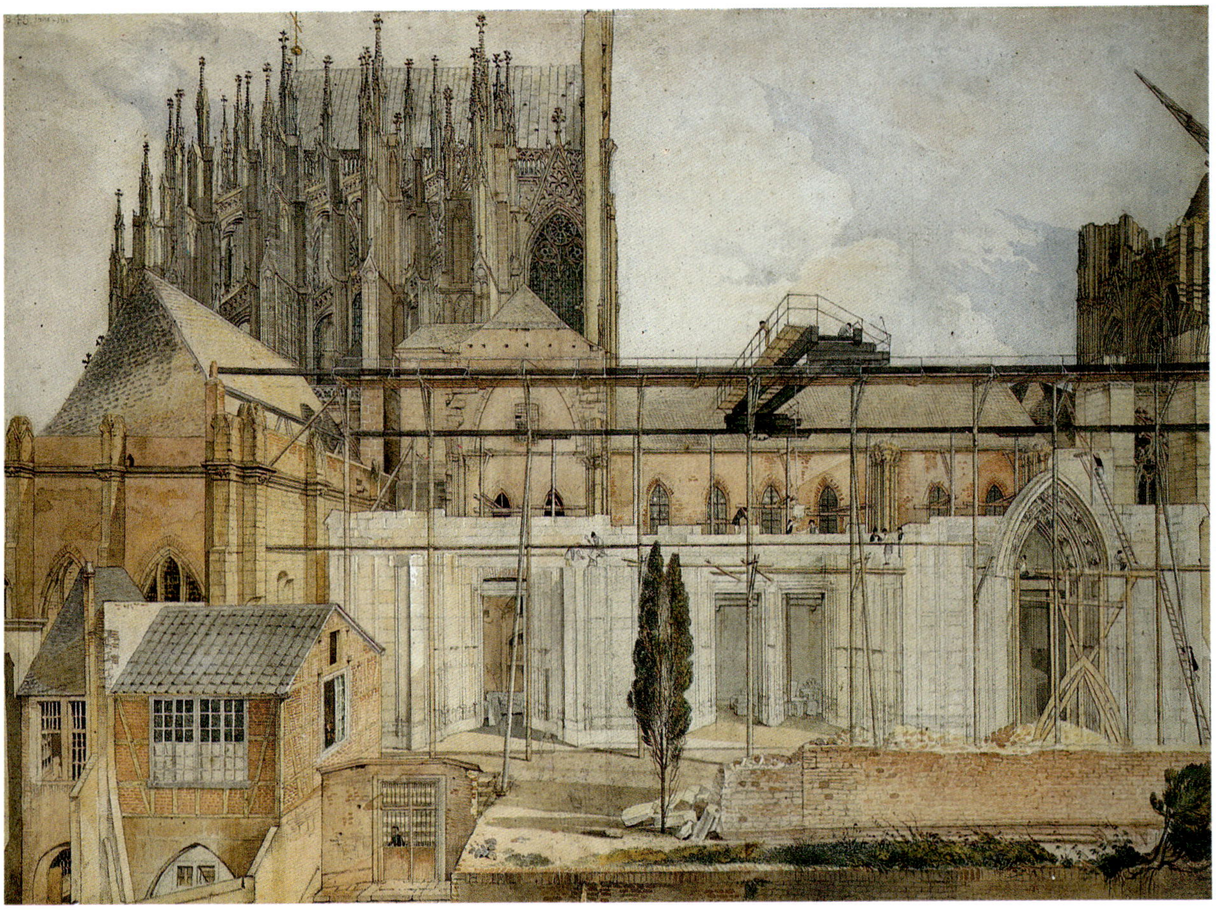

81

83

84

85 ▷

86

87

88

89 ▷

90

91

92

93 ▷